INVENTAIRE
17,169

MÉMOIRE

SUR

LA RÉGLEMENTATION DE LA TEMPÉRATURE

DANS LES FOURNEAUX

OU RÉSERVOIRS QUELCONQUES

TRAVERSÉS PAR UN FLUX VARIABLE DE CHALEUR

PAR M. E. ROLLAND.

EXTRAIT DU TOME XVIII

DES MÉMOIRES PRÉSENTÉS PAR DIVERS SAVANTS

À L'INSTITUT IMPÉRIAL DE FRANCE

PARIS.

IMPRIMERIE IMPÉRIALE.

M DCCC LXIV.

BIBLIOTHÈQUE IMPÉRIALE

MÉMOIRE

SUR

LA RÉGLEMENTATION DE LA TEMPÉRATURE

DANS LES FOURNEAUX

OU

RÉSERVOIRS QUELCONQUES

TRAVERSÉS PAR UN FLUX VARIABLE DE CHALEUR.

1864

MÉMOIRE

SUR

LA RÉGLEMENTATION DE LA TEMPÉRATURE

DANS LES FOURNEAUX

OU RÉSERVOIRS QUELCONQUES

TRAVERSÉS PAR UN FLUX VARIABLE DE CHALEUR,

PAR M. E. ROLLAND.

EXTRAIT DU TOME XVIII

DES MÉMOIRES PRÉSENTÉS PAR DIVERS SAVANTS

À L'INSTITUT IMPÉRIAL DE FRANCE.

PARIS.

IMPRIMERIE IMPÉRIALE.

M DCCC LXIV.

1864

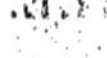

MÉMOIRE

SUR

LA RÉGLEMENTATION DE LA TEMPÉRATURE

DANS LES FOURNEAUX

OU RÉSERVOIRS QUELCONQUES

TRAVERSÉS PAR UN FLUX VARIABLE DE CHALEUR.

INTRODUCTION.

Le puissant essor qu'ont pris les arts industriels dans ces derniers temps et les nombreux progrès qu'on y réalise chaque jour sont dus, en grande partie, à l'alliance de plus en plus intime que ces arts contractent avec les sciences exactes.

A mesure que cette alliance de la théorie et de la pratique intelligente nous révèle, avec plus de précision, les lois complexes des transformations que subit la matière dans les ateliers, on voit s'introduire dans ceux-ci des procédés tout à la fois plus sûrs et plus économiques. C'est ainsi que des agents naturels, tels que les chutes d'eau, le vent, la chaleur, l'électricité, etc. ont été graduellement substitués à l'homme et aux animaux, comme moteurs. C'est ainsi encore que l'on voit, chaque jour, surgir quelque nouvel outil automatique, réalisant avec une rare précision, des mains-d'œuvre complexes qui ne pouvaient être confiées antérieurement qu'aux ouvriers les plus habiles.

Mais, plus le rôle des moteurs inanimés est devenu considérable, plus le besoin d'en régler l'action est devenu impérieux. De là sont nés les appareils nombreux, auxquels on a donné les noms de régulateurs, de distributeurs et de volants, appareils qui sont destinés à proportionner la puissance motrice aux résistances à vaincre, à régler l'affluence de la matière sur l'outil qui la transforme, et à maintenir à celui-ci la vitesse la plus favorable au travail.

Ce que je viens de dire de la nécessité de proportionner l'action des agents naturels dont on dispose au but que l'on veut atteindre n'est pas seulement applicable aux opérations mécaniques; cette nécessité est tout aussi évidente lorsqu'il s'agit de transformations plus intimes de la matière, telles que celles qui sont du domaine de la chimie. Un des agents les plus fréquemment employés pour réaliser ces transformations est la chaleur; la réglementation de celle-ci dans les opérations de l'industrie est donc un problème d'une haute importance. Cependant ce problème n'a pas encore reçu de solution satisfaisante, et, tandis que l'usage des régulateurs de la force mécanique est devenu général, la conduite du feu des fourneaux de toutes sortes, des étuves, des séchoirs, etc. est restée à peu près entièrement confiée aux soins et à l'intelligence des ouvriers chauffeurs.

Les inconvénients d'un tel état de choses sont trop palpables pour qu'ils n'aient pas été dès longtemps reconnus. Aussi plusieurs appareils ont-ils été déjà proposés pour réglementer la température dans certains cas particuliers; je citerai, parmi ceux venus à ma connaissance, les dispositifs imaginés par MM. Bonnemain et Sorel, qui sont décrits dans les bulletins de la Société d'encouragement, des an-

nées 1824 et 1833, ainsi que dans la deuxième édition du
Traité de la chaleur par M. Péclet, publié en 1842; celui
de M. Schuster, décrit en 1842 dans le bulletin de la Société industrielle de Mulhouse, et ceux plus récents soumis
au jugement de l'Académie des sciences par MM. Dumoncel
et Maistre, dans les séances des 5 et 12 juin 1852. Bien
que ces deux derniers appareils, dont l'idée fondamentale
appartient, je crois, au savant professeur Wheastone, et
dont, du reste, je n'avais pas entendu parler quand j'ai
entrepris ce travail[1], permettent une réglementation plus
parfaite que les autres, ils sont cependant aussi d'une application très-restreinte, et l'on peut dire que la question
générale de la réglementation de la température dans les
arts est encore loin d'être résolue d'une manière satisfaisante.

En présence de cette conclusion nettement arrêtée dans
mon esprit, j'ai pensé que de nouvelles recherches, tendant
à trouver un régulateur plus généralement applicable que
ceux connus jusqu'ici, et à fixer les lois d'après lesquelles
devait être installé un semblable appareil pour être suffisamment sensible, auraient une véritable utilité. Le présent
mémoire a pour objet d'exposer les résultats des études auxquelles je me suis livré pour atteindre ce but.

[1] Mes études sur la réglementation de la température datent, en effet, de plusieurs années, et le présent mémoire était en grande partie rédigé dès le commencement de 1854, époque à laquelle je fis construire par M. Clair, le thermo-régulateur qui a figuré à l'exposition universelle de 1855.

CHAPITRE PREMIER.

SUR LES RÔLES QUE JOUENT LES MODÉRATEURS OU VOLANTS ET LES RÉGULATEURS
DANS LA RÉGLEMENTATION EN GÉNÉRAL, ET PLUS PARTICULIÈREMENT DANS LA
RÉGLEMENTATION DE LA TEMPÉRATURE.

1. L'utilité de régulariser, autant que possible, la vitesse des machines et les moyens d'y parvenir ont occupé depuis longtemps les mécaniciens. Cette utilité et ces moyens ont été développés avec tant de clarté et de science profonde dans les leçons données, il y a trente-six ans, par M. le général Poncelet, à l'école d'application de Metz, qu'il serait téméraire à moi de vouloir traiter un semblable sujet après cet illustre professeur. Je crois ne pouvoir mieux faire que de renvoyer, pour son complet développement, aux première et deuxième sections des leçons lithographiées de Metz, et je me bornerai à rappeler ici que, pour rendre uniforme le mouvement des machines, les moyens généraux à employer sont les suivants :

1° Disposer leurs diverses parties de manière à éviter, autant que possible, les pièces à mouvement alternatif ou intermittent; ou compenser les effets de ces pièces, si l'on ne peut les éviter;

2° Rendre aussi constante que possible la quantité de travail développée par le moteur et celle consommée par l'opérateur; ou, du moins, faire en sorte que ces deux quantités de travail soient égales, sinon pendant chaque élément du temps, au moins pendant chaque période de temps aussi courte que possible; les moyens propres à atteindre ce but peuvent varier suivant chaque cas particulier;

3° Recourir enfin, quand les moyens précédents ne sont pas suffisamment efficaces, aux régulateurs et aux volants.

2. Les régulateurs ont pour fonction de proportionner constamment le travail fourni par le moteur à celui qui est consommé par les résistances. Un régulateur, toutefois, ne peut modifier,

instantanément et d'une manière notable, la quantité de travail développée par le moteur. Le temps qui lui est nécessaire pour produire cette modification pourrait bien, il est vrai, être réduit à fort peu de chose, mais à la condition d'un changement notable de la vitesse, condition contradictoire avec le but que l'on veut atteindre.

Le régulateur fonctionnant nécessairement avec une certaine lenteur, on comprend qu'il ne peut pas compenser assez vite l'effet d'un changement brusque du travail consommé par les résistances, et que, si de tels changements étaient possibles, il deviendrait impuissant pour empêcher des variations notables de vitesse.

Il faut donc, pour que le régulateur remplisse son rôle avec efficacité, faire en sorte que des variations rapides dans le travail des résistances ne puissent amener qu'avec lenteur la variation de la vitesse de la machine. Tel est précisément le but du volant.

3. Ce que je viens de dire des moyens de réglementation de la vitesse, et particulièrement des rôles qui sont propres au régulateur et au volant dans la transmission du travail à travers les machines, s'applique avec une grande analogie à la transmission de la chaleur à travers les corps, et, d'une manière plus générale, à la transmission d'un fluide quelconque au travers d'un réservoir. Je pense donc utile, pour la clarté de ce qui va suivre, de préciser, avec quelques détails, les rôles joués, à un point de vue général, par les régulateurs et les volants ou réservoirs. Je crois ne pouvoir mieux faire pour atteindre ce but, que de recourir à un exemple particulier.

4. Que l'on imagine un réservoir cylindrique rempli d'eau jusqu'à un certain niveau, que l'on veut maintenir à très-peu près constant. Dans l'état de régime permanent, une certaine quantité d'eau s'écoule régulièrement par le bas du réservoir, et est remplacée constamment par une égale quantité d'eau fournie par une source et arrivant par la partie supérieure. Tant que les choses

se maintiendront dans cet état, le niveau de l'eau restera invariable.

Que l'on imagine ensuite la quantité d'eau qui sort dans une seconde changée tout à coup par l'ouverture d'une soupape et augmentée dans une certaine proportion. Il est clair qu'alors le niveau de l'eau dans le réservoir s'abaissera graduellement, si la quantité d'eau qui afflue pendant le même temps par l'orifice supérieur ne subit pas de modification; si l'on nomme m le volume dont augmente tout à coup le débit pendant l'unité de temps, Ω la section superficielle faite par un plan horizontal dans le réservoir, et v la vitesse avec laquelle le niveau de l'eau s'y abaisse, on aura $v = \frac{m}{\Omega}$; c'est-à-dire que la vitesse d'abaissement du niveau est en raison directe de la cause perturbatrice, et en raison inverse de la section superficielle du réservoir.

Admettons de plus que l'orifice supérieur, qui donne accès à l'eau, puisse être fermé plus ou moins par une soupape, et que cette soupape soit reliée par une transmission convenable avec un flotteur immergé en partie dans l'eau du réservoir. Les relations du flotteur et de la soupape seront d'ailleurs disposées de telle sorte que, le flotteur venant à baisser avec le niveau de l'eau, la soupape démasque de plus en plus l'orifice alimentaire, et que, cet orifice livrant passage à une plus grande quantité d'eau, il tende ainsi à se produire un nouvel équilibre entre la quantité d'eau qui entre et celle qui sort dans un même temps.

Les choses étant ainsi disposées, voyons ce qui se passera si, l'équilibre existant dans le niveau du réservoir, on augmente tout à coup la quantité d'eau qui sort de celui-ci. Alors, le niveau baissera et tendra à entraîner le flotteur dans son mouvement de descente; mais ce mouvement du flotteur ne peut avoir lieu qu'à la condition que celui-ci entraîne lui-même le mouvement des diverses pièces qui le relient à la soupape, et celui de cette soupape elle-même. Or, pour que toutes ces pièces se meuvent, il faut leur appliquer une puissance suffisante pour vaincre les résistances passives du système, telles que frottements dans les articulations, etc. Cette puissance, dans le cas qui nous occupe, n'est autre chose que l'excès de poids que prend le flotteur, à mesure qu'il déplace un moins grand volume d'eau par suite de l'abaissement du niveau dans le réservoir. Après le moment où le débit de celui-ci se sera accru, le niveau de l'eau y baissera donc d'abord sans que le flotteur suive ce mouvement, et ce n'est qu'après que l'abaissement sera devenu suffisant pour alourdir le flotteur au point qu'il entraîne, par son poids, le mouvement de la soupape, que celle-ci commencera réellement à se mouvoir et à produire son effet pondérateur.

Alors commencera une deuxième période, pendant laquelle le niveau de l'eau et celui du flotteur tendront à descendre à la fois. Si la descente du niveau de l'eau se fait avec une extrême lenteur, on peut admettre, sans erreur sensible, que le flotteur suivra exactement le mouvement du niveau, et qu'ils baisseront ainsi de conserve, jusqu'au moment où la position du flotteur aura rendu l'entrée d'eau suffisante pour ramener le niveau à l'immobilité.

On voit par ce qui précède, que, quelles que soient les dimensions du réservoir, le niveau de l'eau qui y est contenue devra nécessairement baisser de deux quantités dépendant, l'une des résistances passives du système qui lie le flotteur à la soupape, et l'autre du chemin plus ou moins grand que doit parcourir le flotteur pour amener la soupape au degré d'ouverture convenable pour le nouvel équilibre.

Il faut donc, si l'on veut que le mécanisme conduit par le flotteur, mécanisme qui constitue ce que nous appelons le régulateur, maintienne les variations du niveau de l'eau dans les plus étroites limites, diminuer, le plus possible, les résistances passives qui s'opposent à son facile fonctionnement, faire en sorte que l'intervalle entre les positions du flotteur, correspondantes à la fermeture et à l'ouverture complètes de la soupape, soit un minimum, et enfin donner au flotteur une section horizontale assez grande pour augmenter suffisamment le surpoids qui résulte d'un abaissement donné du niveau de l'eau.

5. Dans ce qui précède, nous avons admis que le mouvement de descente du niveau était assez lent pour que l'on pût considérer le flotteur comme descendant de conserve avec lui, mais cela n'est admissible que si la vitesse de la descente est infiniment petite, ce qui n'a pas lieu en général.

Dans la réalité, cette vitesse a une certaine valeur et, dès lors, pour que le flotteur acquière une vitesse égale, il faut que le système entier des pièces constituant le régulateur acquière une certaine force vive, qui doit forcément être empruntée au travail développé par la descente du flotteur. Il faut donc que ce dernier, descendant d'abord plus lentement que le niveau de l'eau du réservoir, émerge assez de celle-ci pour que l'excédant de poids qui en résulte pour lui soit suffisant pour vaincre, non-seulement le travail développé par les résistances passives du régulateur, mais encore celui de l'inertie de cet appareil. Ce dernier travail croît rapidement avec la vitesse du flotteur, et, par suite, il y a lieu de la réduire au minimum, ce que l'on obtient, ainsi que nous l'avons déjà vu, en donnant au réservoir la plus grande section possible. Observons enfin que, pour réduire la force vive qui devra être imprimée à l'ensemble du régulateur, on devra, dans tous les cas, rendre minimum la somme des moments d'inertie de ses diverses parties, moments pris par rapport à l'axe autour duquel se meut tout le système.

6. Tout ce que je viens de dire sur les moyens de régulariser le passage de l'eau à travers un réservoir, de manière à maintenir le niveau dans celui-ci aussi constant que possible, serait applicable, avec un grand degré d'analogie, s'il s'agissait d'y régler le passage d'un gaz sans modification sensible de la pression intérieure, ou d'assurer, sans variation notable de la vitesse, celui du travail à travers les pièces mobiles d'une machine, jouant le rôle de véritables réservoirs de force vive ou de travail.

On verrait facilement que, pour le réservoir de gaz, le dispo-

sitif du régulateur pourrait être le suivant : au réservoir serait
adapté un manomètre en siphon rempli de mercure, par exemple;
à la surface de ce liquide, dans la branche communiquant avec
l'atmosphère, on placerait un flotteur suivant toutes les variations
de la colonne manométrique, et par suite celles de la pression
intérieure du réservoir. Ce flotteur serait relié à la soupape qui
règle l'entrée du gaz, et il donnerait à cette entrée la superficie
convenable pour qu'il entre autant de gaz qu'il en sort, quelle que
soit la quantité sortante. On verrait sans plus de difficulté que la
vitesse avec laquelle varie la pression du gaz est en raison directe de la cause perturbatrice et en raison inverse du volume
du réservoir.

S'il s'agissait de la transmission du travail, les régulateurs pourraient recevoir diverses dispositions connues, et la variation de
la vitesse serait en raison directe de la cause perturbatrice, et en
raison inverse de la quantité de mouvement des pièces qui se
meuvent.

7. Dans ces divers cas, et, en général, dans tous les cas analogues, le principal agent de la réglementation est toujours le dispositif auquel on donne le nom de régulateur, parce qu'il a pour
but de régler l'arrivée du fluide dans le réservoir, ou du travail
dans la machine, de telle sorte que la quantité de fluide ou de
travail qui entre soit toujours égale à celle qui sort pendant le
même temps.

Le régulateur est toujours mis en mouvement par une force
prenant sa source dans la variation même qu'il a pour but de
restreindre dans les plus étroites limites. Le régulateur ne peut
donc annuler entièrement cette variation; il lui est possible seulement de la réduire à peu de chose, lorsque l'on a disposé avec
intelligence les diverses parties du mécanisme, pourvu toutefois
que les causes perturbatrices, dont il doit combattre les effets,
n'agissent qu'avec lenteur. Si ces causes agissaient avec intensité
et brusquerie, le régulateur, quelque bien disposé qu'il fût, pourrait devenir peu sensible. Il serait alors nécessaire, pour obtenir

une bonne réglementation, d'introduire dans le système un nouveau dispositif propre à détruire les fâcheux effets d'une variation trop brusque dans les quantités de fluide ou de travail qui
traversent les réservoirs ou machines pendant l'unité de temps.
Pour atteindre ce but, dans le cas du réservoir d'eau pris plus
haut pour exemple, on mettrait celui-ci en communication, par
un large orifice, avec un autre réservoir, dans lequel la section
superficielle, occupée par le niveau supérieur de l'eau, serait
assez grande pour que ce niveau, supposé le même dans les
deux réservoirs, ne baissât qu'avec une lenteur suffisante. Dans
le cas du réservoir rempli de gaz, on atteindrait le même but au
moyen d'un réservoir additionnel d'un volume suffisant.

Dans l'hypothèse enfin de la transmission du travail à travers
une machine, si les pièces en mouvement de celle-ci ne for-
maient pas par leur réunion un réservoir suffisant de travail, on
suppléerait à cette insuffisance en les mettant en communication
avec une pièce nouvelle nommée *volant* et remplissant le rôle
d'un véritable réservoir additionnel de travail ou de force vive.

8. Sans m'appesantir davantage sur les détails, je crois pouvoir
conclure de ce qui précède les propositions suivantes.

1° Si un réservoir contient un liquide, un fluide élastique ou
de la force vive, et sert de passage intermédiaire à un courant
variable de liquide, de fluide ou de travail, on pourra toujours
y maintenir dans d'étroites limites les variations, soit du niveau
du liquide, soit de la pression du fluide, soit de la vitesse, qui est
l'un des éléments constitutifs du travail.

2° Les moyens qui conduiront à ce résultat seront en général
l'emploi simultané d'un *régulateur*, proportionnant constamment
la quantité du liquide, du fluide, ou du travail entrant dans le réservoir, avec celle qui en sort et celui d'un réservoir additionnel
ou *modérateur*, dont le but est de ralentir l'effet des causes perturbatrices qui tendraient à agir avec trop de brusquerie.

3° Si les causes perturbatrices ne modifient qu'avec lenteur la
transmission de l'eau, du fluide, ou du travail, l'emploi du régu-

lateur peut devenir suffisant, celui du modérateur[1] n'est plus dès lors indispensable.

9. Ces propositions, qui concernent spécialement la transmission des fluides pondérables ou du travail, sont encore applicables, bien qu'avec quelque restriction, à la transmission d'un fluide impondérable tel que la chaleur. Elles lui seraient même complétement applicables, si les corps étaient doués d'une conductibilité parfaite pour la chaleur. Dans ce cas, en effet, on peut regarder un corps quelconque comme un réservoir de chaleur contenant ce fluide exactement dans les mêmes conditions où un réservoir rempli de gaz contient celui-ci ; en d'autres termes, la loi de continuité qui fait que le gaz sera uniformément réparti dans le réservoir rendra aussi uniforme la répartition de la chaleur dans le corps qui la contient.

Je ne rechercherai pas ici quelles modifications l'imparfaite conductibilité des corps peut apporter dans les propositions énoncées ci-dessus pour le cas de la transmission des fluides pondérables et du travail. Comme d'ailleurs le problème de la réglementation de la chaleur dans les fourneaux industriels est trop complexe pour qu'on puisse en donner une solution générale, le mieux sera de l'étudier dans chaque cas particulier, et c'est ce que je vais faire pour quelques exemples desquels

---

[1] J'ai donné ici le nom général de *modérateurs* aux appareils jouant un rôle analogue à celui du volant dans les machines, contrairement à l'usage qui admet le terme de *modérateur* comme synonyme de celui de *régulateur*. Plusieurs motifs m'ont porté à donner cette nouvelle signification au mot modérateur. D'abord je ne pouvais appeler simplement réservoirs les appareils analogues au volant des machines; cela eût été trop vague. Je ne pouvais non plus leur donner le nom général de volants, ce dernier mot impliquant nécessairement l'idée de vitesse. J'ai pensé aussi que, même dans les machines, le terme de volant ne spécifiait pas suffisamment le mode d'action de cette pièce, destinée à modérer la brusquerie des écarts de la vitesse. Il m'a semblé enfin que les mots de *régulateur* et de *modérateur*, que l'usage a fait synonymes, ne l'étaient pas en réalité, et que ces deux mots seraient plus nets et plus expressifs si l'on conservait au premier son ancienne définition, en réservant le deuxième pour le substituer au mot de *volant*, qui n'exprime rien, si ce n'est une pièce animée d'une grande vitesse.

on pourra conclure la marche à suivre dans toutes les questions analogues.

10. Prenons pour premier exemple une chaudière d'évaporation, sous laquelle se trouve placé un foyer, et dont la partie supérieure laisse échapper librement les vapeurs produites. Admettons d'ailleurs que l'on veuille maintenir constante la température du liquide soumis à l'évaporation. La masse de liquide contenu dans la chaudière sera le réservoir qui est traversé par le flux de chaleur venant du foyer et sortant avec le courant des vapeurs émises par la chaudière. Par suite de la mobilité de ses molécules, le liquide de celle-ci sera dans un mouvement continuel sous l'action de l'afflux de chaleur qui, entrant d'abord dans les molécules placées à la partie inférieure, diminue leur densité et les porte au haut de la chaudière en vertu des lois de la gravité. Il résulte de ce mouvement continuel des molécules liquides que leur température différera fort peu de l'une à l'autre, et que leur ensemble peut être considéré comme un corps dans lequel la chaleur circulerait librement; en d'autres termes, qu'un liquide, traversé par un flux de chaleur entrant par la partie inférieure, joue, pour la transmission de la chaleur, le même rôle qu'un corps parfaitement conducteur, bien que les liquides, en réalité, soient de très-mauvais conducteurs, dans la véritable acception du mot.

Les choses se passeront donc, dans l'exemple que nous avons choisi, d'une manière tout à fait analogue à ce qui se passe dans le cas de la transmission d'un gaz à travers un réservoir, dont on veut maintenir la pression constante. Pour maintenir la température du liquide, le mieux sera dès lors d'y plonger un régulateur; par exemple un thermomètre, dont les variations agiront par une transmission convenable sur le tirage, et, par suite, sur l'intensité de la combustion du foyer; le dispositif pourra consister en une soupape fermant plus ou moins l'accès de l'air dans le cendrier du foyer, et agissant sous l'action des changements de la température. Il est clair d'ailleurs que le liquide de la chau-

dière remplira le rôle d'un véritable volant de chaleur, si je puis
m'exprimer ainsi, ou mieux, d'un modérateur, en donnant à ce
dernier mot la signification que je lui ai donnée dans la note placée au bas de la page 359. Il est facile de voir aussi que l'efficacité de ce modérateur sera proportionnelle au poids et à la
capacité calorifique du liquide dont il est formé; d'où l'on peut
conclure qu'il y a lieu, pour obtenir une même réglementation
de la température dans divers cas, de faire varier le poids du
liquide de la chaudière en raison inverse de sa capacité calorifique,
et en raison directe de la cause perturbatrice qui tend à produire
la variation.

Dans le cas où l'on ne pourrait augmenter suffisamment le poids
du liquide soumis à l'évaporation, on aurait recours à une chaudière supplémentaire dans laquelle serait plongée celle d'évaporation. Cette chaudière supplémentaire contiendrait une quantité
convenable d'un liquide, qui serait d'abord traversé par la chaleur
du foyer et la transmettrait ensuite à la chaudière d'évaporation.
Ce nouveau liquide jouerait le rôle du volant des machines. Il serait
convenable qu'il ne fût autre chose que l'eau qui, des liquides
usuels, est le plus avantageux tout à la fois par son bas prix et
par sa capacité calorifique considérable.

11. Ces propriétés des liquides, et particulièrement de l'eau,
comme modérateurs de la température, sont dès longtemps connues et utilisées dans les modes de chauffage dits au bain-marie
et au bain d'huile. Elles fournissent le moyen de ralentir la variation de la température, non-seulement d'un liquide, mais aussi
d'un corps solide; mais ce moyen est loin d'être d'une application
générale, puisqu'il ne peut être employé pour des températures
plus élevées que celles auxquelles on peut porter sans danger
le liquide employé comme modérateur, en supposant même que
ce liquide soit emprisonné dans un espace clos.

Dans l'exemple que je viens d'examiner, la seule cause notable
qui peut faire varier la température réside dans le plus ou
moins grand degré d'activité du foyer, et cette cause agit toujours

avec une certaine lenteur, pour peu que le foyer soit chargé avec une régularité convenable; on peut donc, avec un peu de soin et sans l'aide d'un très-grand modérateur, ralentir assez la variation de la température pour que le régulateur fonctionne avec une grande efficacité.

12. Substituons maintenant à la chaudière d'évaporation de l'exemple précédent une chaudière destinée à fournir de la vapeur à une machine motrice ou à des appareils de chauffage. Dans ce cas, la température et, par suite, la pression dans la chaudière pourront varier, non-seulement sous l'influence des changements dans la combustion du foyer, mais encore sous celle des soustractions variables de vapeur que peuvent faire à la chaudière les appareils qu'elle alimente. Cette dernière cause de variation peut agir avec une grande intensité, si la chaudière doit alimenter des appareils fonctionnant avec intermittence, tels que les appareils à cuire des sucreries, ou une machine motrice dont le travail est très-variable. On conçoit donc que, dans des cas semblables, l'action du modérateur devient tout à fait nécessaire pour restreindre dans d'étroites limites la variation de la température.

Ce modérateur, dans le cas qui nous occupe, se composera de la masse de la vapeur et de celle de l'eau contenues dans la chaudière. La masse d'eau jouera presque toujours un rôle prépondérant, et l'on pourra, en la faisant suffisante, rendre aussi lente qu'on le voudra la variation de la température, et aussi efficace que possible l'action du régulateur.

Il est clair d'ailleurs que la masse d'eau contenue dans la chaudière devra être en proportion de la quantité de vapeur qui pourra lui être soustraite tout à coup et pendant l'unité de temps. Cette observation fait voir le danger réel qu'il pourrait y avoir à diminuer trop, ainsi qu'ont voulu le faire quelques inventeurs, la quantité d'eau contenue dans les chaudières, tout en faisant leur surface de chauffe très-considérable. Avec de telles dispositions, la température et, par suite, la pression peuvent varier avec une grande brusquerie, si la consommation de vapeur est sujette elle-même à de semblables variations. En poussant les choses à l'extrême, ces variations de pression pourraient avoir lieu pour ainsi dire instantanément, et amener la rupture des parois de la chaudière, sans que les soupapes de sûreté eussent le temps de parer à un tel accident.

13. Les chaudières génératrices de la vapeur sont, de tous les appareils industriels dans lesquels agit la chaleur, ceux où sa transmission est sujette aux variations les plus considérables et les plus instantanées. Dans presque tous les autres cas, les variations se font avec une lenteur suffisante pour qu'il soit peu nécessaire de joindre l'action d'un modérateur à celle du régulateur. Cela est surtout vrai pour les appareils à fonctionnement régulier. Tel serait, par exemple, un fourneau dans lequel entrerait d'une manière continue une matière homogène qui devrait y subir l'action d'une température donnée, pour en ressortir également avec continuité, après y avoir séjourné pendant un temps déterminé.

Les seules causes de variation de la température résideraient alors dans le plus ou moins d'activité de la combustion du foyer, jouant le rôle de source de chaleur, et dans le refroidissement plus ou moins grand résultant des pertes que fait le fourneau par sa paroi extérieure. Ces deux causes agissent, on le sait, avec une grande lenteur, pourvu toutefois que le foyer soit alimenté par des charges fréquentes et espacées régulièrement, et qu'il ne soit pas soumis à de violents ringalages, toujours faciles à éviter en donnant à la grille et à la cheminée des proportions suffisantes.

14. S'il s'agissait d'un fourneau où la matière que l'on veut soumettre à l'action de la chaleur n'entrerait et ne sortirait que par intermittences, on comprend sans peine que l'équilibre de la température des différentes parties de l'appareil serait forcément troublé au moment de chacune des charges ou de chacune des sorties; on comprend aussi que ce trouble serait d'autant plus grand que la quantité de matière entrant ou sortant à chaque

intermittence, serait elle-même plus considérable par rapport à
la masse totale de matière que contient le fourneau. Mais dans
tous les cas le régulateur rétablirait l'équilibre de température
au bout d'un certain temps, ce qui, dans la plupart des cas pratiques, est suffisant. Dans un haut fourneau de forge, par exemple,
la température subira un fort abaissement, au moment où la matière en fusion de chaque coulée sera remplacée par de la matière
froide ; mais, par suite de cet abaissement, le régulateur activera
la combustion intérieure du fourneau, jusqu'au moment où celui-
ci aura repris sa température normale la plus favorable. Une fois
cette température atteinte, le régulateur la maintiendra constante
jusqu'au moment d'une nouvelle coulée, et c'est tout ce que l'on
peut demander.

15. Dans tout ce qui précède je n'ai pas parlé du rôle que
jouent dans les fourneaux les diverses matières qui les composent,
telles que maçonneries, métaux, etc. Ce rôle est évidemment
celui des modérateurs imparfaits, et d'autant plus imparfaits que
les matières sont moins conductrices, et ont moins de capacité
pour la chaleur. Les fourneaux doivent donc être considérés
comme jouant souvent un rôle utile pour éviter les écarts trop
brusques de la température. Il est bon d'observer toutefois que,
dans certains cas, il peut y avoir aussi inconvénient à ce que le
fourneau soit un réservoir trop considérable de chaleur. Pour une
chaudière à vapeur, par exemple, voici ce qui peut arriver : si la
consommation de vapeur cesse tout à coup, le régulateur peut
bien arrêter, au bout de peu de temps, la combustion du foyer,
mais alors les parties du fourneau qui entourent l'eau de la chaudière, et qui, à cause de leur conductibilité imparfaite, sont à
une température plus élevée que celle-ci, lui cèdent une partie
de leur calorique, et, bien que le foyer soit éteint, la pression
dans la chaudière peut s'élever beaucoup au-dessus de son point
de règle. C'est du reste ce que l'on observe généralement dans
les chaudières à vapeur entourées d'un fourneau dont la masse
est un peu considérable.

16. Cet effet ne se produit dans les circonstances indiquées que par suite de la cessation de l'action du régulateur, que nous supposons agir seulement sur l'activité de la combustion dans le foyer, et qui, dès lors, est à l'extrémité de sa course, dès que cette activité est nulle. Il suffirait, pour que la réglementation de la température dans la chaudière continuât à avoir lieu, de faire en sorte que le régulateur, quand il ne peut plus diminuer le flux de chaleur venant du foyer, rendît ce flux pour ainsi dire négatif, de manière à compenser celui qui passe des maçonneries des fourneaux dans la chaudière. Ce but serait atteint, par exemple, en disposant les choses de telle sorte que, si la température dans la chaudière continuait à croître, après que la combustion dans le foyer est devenue nulle, le régulateur déterminât l'ouverture d'une soupape donnant accès à une source réfrigérante, telle qu'un courant d'air froid, qui viendrait circuler dans les carneaux où circulent d'habitude les gaz de la combustion. Le régulateur ne ferait autre chose, en pareil cas, que ce que fait généralement le chauffeur, chargé de la conduite du feu, en ouvrant la porte du foyer, lorsque la pression dans la chaudière vient à augmenter considérablement; seulement le régulateur agirait dès le début de l'accroissement de pression, et il ne laisserait entrer que la quantité d'air froid indispensable.

J'ajouterai enfin que, dans l'exemple ci-dessus, j'ai admis que le régulateur pouvait amener l'extinction complète du feu, ce qui serait inadmissible si le fourneau devait continuer à fonctionner après cette extinction, car il faudrait alors rallumer le feu, dès que la consommation de vapeur reprendrait de l'activité. Pour éviter cet inconvénient, il suffira de faire en sorte que l'orifice donnant accès à l'air dans le cendrier ne se ferme jamais complétement, mais que son minimum d'ouverture corresponde à une quantité d'air strictement suffisante pour maintenir dans le foyer une combustion aussi lente que possible, sans aller, toutefois, jusqu'à l'extinction.

Ces réflexions relatives à la manière de régler la température dans une chaudière à vapeur entourée d'un fourneau formant un réservoir considérable de chaleur, lorsque cette chaudière peut avoir à fournir des quantités de vapeur très-variables, et cela, pendant de longues périodes de temps, seraient applicables, avec de légères modifications, à la réglementation d'un appareil quelconque placé dans des circonstances analogues.

17. Je ne multiplierai pas davantage les exemples des circonstances diverses qui peuvent se présenter dans l'industrie. Le raisonnement indiquera, dans chacune de ces circonstances, quelles sont les meilleures dispositions à adopter pour réglementer la température avec une précision convenable pour le but qu'on se propose.

Je terminerai ce chapitre en faisant remarquer que le cas de la réglementation de la température dans un corps solide ne se présentera, pour ainsi dire, jamais dans les applications. En effet, dans les appareils qui servent au chauffage des corps solides, ceux-ci sont presque toujours renfermés, en morceaux d'assez faibles dimensions, dans une atmosphère gazeuse, qui les environne de toutes parts. La mobilité des molécules de cette atmosphère contribue puissamment à corriger le défaut de conductibilité des corps solides qui y sont placés, et l'on peut admettre qu'en général, si le régulateur, mis en mouvement par les variations de la température de cette atmosphère, maintient ces variations dans des limites étroites, il réglera convenablement la température des corps solides qui y sont plongés.

De cette dernière observation, jointe à ce qui a été dit dans le présent chapitre, on peut conclure que le problème de la réglementation de la température dans un appareil quelconque pourra toujours se ramener à celui de la réglementation de celle d'une atmosphère liquide ou gazeuse confinée dans un espace déterminé.

Nous avons fait voir aussi que, dans tous les appareils industriels convenablement dirigés, la température varie toujours avec une certaine lenteur, et nous devons en conclure que l'addition d'un modérateur y serait, en général, de peu d'utilité, sauf dans des cas tout particuliers, et que, dès lors, l'emploi du régulateur est suffisant pour y éviter les écarts notables de température.

Je ne m'occuperai donc, dans ce qui va suivre, que de la recherche des meilleures dispositions à donner aux régulateurs de la température, en laissant désormais de côté les cas particuliers qui pourraient se présenter, et dont l'examen jetterait ici trop de diffusion.

CHAPITRE II.

DES RÉGULATEURS DE LA TEMPÉRATURE OU THERMO-RÉGULATEURS.

18. En laissant de côté les cas particuliers qui, ainsi que je l'ai dit au chapitre précédent, nécessiteront une étude spéciale pour chaque application industrielle, le problème dont je veux chercher la solution peut, dans toute sa généralité, s'énoncer de la manière suivante :

Faire en sorte que la température d'un lieu ou d'une enceinte chauffés d'une manière quelconque, reste invariable ou du moins ne varie que dans des limites aussi étroites que possible.

Cela posé, on reconnaît sans peine que, le lieu dont la température doit être invariable étant chauffé par une source de chaleur quelconque, c'est le débit de cette source qui devra être ralenti ou activé, suivant que la température du lieu tendra à s'accroître ou à diminuer. On reconnaît également que, de quelque nature que soit cette source, qu'elle provienne du rayonnement ou du contact des gaz chauds émanant d'une matière en combustion, d'un courant de vapeur, ou d'un courant d'eau ou d'air chauds, la réglementation en devra être généralement obtenue au moyen du mouvement de soupapes ou de registres, agissant sur le tirage de la cheminée, ou obstruant plus ou moins des orifices par lesquels doivent passer la vapeur, l'eau ou l'air.

Si le tirage du foyer était produit par un ventilateur ou par

3.

une machine soufflante, ainsi que cela a lieu pour les cubilots et les hauts fourneaux, c'est la vitesse de l'appareil qui produit le vent qui devrait être variée suivant les besoins ; mais, dans tous les cas, une certaine quantité de travail sera nécessaire pour mouvoir les soupapes et registres, ou pour faire varier la vitesse des ventilateurs.

Or, la seule force motrice qui puisse produire ce travail est due à la variation même de la température que l'on veut régler ; on comprend donc que, pour rendre cette variation la plus faible possible, il faudra diminuer, autant qu'on le pourra, le travail qu'on veut lui emprunter. A cet effet, on devra équilibrer parfaitement les soupapes ou registres, et réduire au minimum les résistances passives développées par leur mouvement. Dans le cas où il ne serait pas possible d'atteindre suffisamment ce but, ou bien dans celui où l'on aurait à agir sur la vitesse d'un ventilateur, ce qui nécessite une quantité de travail notable, il faudrait recourir à un moteur auxiliaire, tel que l'eau, la vapeur ou l'électricité, ce qui permettra toujours de réduire à peu de chose la quantité de travail qui devra être produite par la variation de la température.

Je reviendrai plus tard sur l'emploi de ces moteurs auxiliaires, et j'admettrai, pour le moment, que le problème de la réglementation de la température puisse être réduit à ces termes : trouver un dispositif permettant d'obtenir, avec la plus petite variation possible de la température que l'on veut régler, le travail nécessaire pour fermer ou ouvrir complétement un orifice au moyen d'une soupape ou d'un registre.

19. Lorsqu'on élève la température d'un corps, il se dilate, c'est-à-dire qu'une partie de la chaleur qu'on lui a ajoutée se transforme en un travail moteur qui produit l'écartement des molécules, jusqu'à ce qu'un nouvel équilibre se soit établi entre les forces répulsives et attractives qui agissent sur elles. Un effet de même nature, mais de sens inverse au premier, se produit si la température vient à baisser.

En d'autres termes, l'échauffement ou le refroidissement d'un corps développe une certaine quantité de travail employée à produire divers mouvements de molécules. Si à ces mouvements on oppose un obstacle, et qu'on relie celui-ci à la soupape régulatrice, une partie du travail engendré par la variation de température produira le déplacement de l'obstacle, et, par suite, des mouvements de la soupape régulatrice variables avec la variation de température du corps. On peut donc dire, d'une manière générale, que l'on obtiendra un régulateur de la température d'une enceinte en plaçant dans cette enceinte un corps quelconque, dont les dilatations ou les contractions agiront forcément sur un obstacle, relié lui-même d'une manière convenable à la soupape régulatrice. Dans le but d'abréger, je donnerai dans ce qui va suivre, à un appareil de la nature de celui que je viens de décrire, le nom de *thermo-régulateur*. La sensibilité d'un thermo-régulateur variera avec la nature du corps soumis aux changements de la température, avec les dimensions de ce corps, avec la disposition de la liaison établie entre le corps et la soupape régulatrice, enfin avec la résistance plus ou moins grande que celle-ci oppose au mouvement. Je me bornerai, pour le moment, à examiner l'influence de la nature et des dimensions du corps qui met l'appareil en mouvement.

20. Ce corps peut être solide, liquide ou gazeux. Supposons-le d'abord solide. On aura alors tout avantage à le choisir métallique, les métaux étant les corps solides dont la conductibilité et le coefficient de dilatation sont les plus considérables.

Pour utiliser le mieux possible la dilatation, il est naturel de donner au corps la forme d'un parallélipipède très-allongé. Une des extrémités de cette barre sera fixée invariablement, et l'autre viendra butter contre l'obstacle qui guide la soupape.

Comme le coefficient de dilatation des métaux est faible, l'obstacle avancera ou reculera d'une longueur très-petite pour des variations très-peu considérables de la température; il faudra donc, entre l'obstacle et la soupape, un renvoi qui augmente notablement le rapport entre le chemin parcouru par cette dernière et celui parcouru par l'obstacle. Il ne faudrait pas employer, pour ce renvoi, un système de leviers, car le jeu de leurs articulations serait comparable aux faibles dilatations des barres, ce qui diminuerait beaucoup la sensibilité du thermo-régulateur. On atteindrait mieux le but en faisant le renvoi par l'intermédiaire d'un liquide; mais, quoi que l'on fasse à cet égard, l'appareil n'en sera pas moins très-difficile à placer et très-susceptible de se dérégler, soit par suite de la difficulté d'obtenir la fixation tout à fait invariable d'une extrémité de la barre, et d'empêcher toute flexion de celle-ci; soit parce que, quand une masse métallique est soumise à des alternatives d'échauffement et de refroidissement, ses molécules sont susceptibles de prendre, à la longue, des positions d'équilibre nouvelles, qui subsistent même après que la variation de la température a disparu; soit enfin parce que les métaux exposés au contact des gaz de la combustion peuvent subir une véritable transformation chimique, qui modifie tout à la fois leur conductibilité et leur coefficient de dilatation.

Ces inconvénients resteraient les mêmes, quelle que soit la disposition que l'on pourrait donner au métal soumis aux variations de la température, et ils m'ont paru assez sérieux pour me faire renoncer à l'emploi d'un corps solide, comme pièce principale d'un thermo-régulateur[1].

L'emploi des liquides ne présente pas les mêmes difficultés; cependant, comme ils doivent être nécessairement contenus dans des vases, leur dilatation apparente, qui est seule utilisable pour le but que nous nous proposons, peut subir une variation continue de la même nature que celle des métaux; seulement, cette variation sera beaucoup amoindrie par suite de ce fait, que le coefficient de dilatation des liquides est beaucoup plus grand que

---

[1] Les mêmes objections pourraient être faites contre l'emploi d'un arc composé de deux lames métalliques d'une dilatabilité inégale, soudées ou rivées invariablement ensemble, et l'on peut ajouter que l'union intime des deux lames qui composent un tel arc serait fort difficile à réaliser dans la pratique.

celui des solides. Cette observation est applicable, *à fortiori*, s'il s'agit de fluides élastiques [1].

Les liquides et les fluides élastiques ont aussi l'avantage de pouvoir être renfermés dans des vases de forme quelconque, bien que l'on puisse donner à l'effort produit par leur dilatation, telle direction qu'on veut, et cette propriété permet de les loger avec plus de facilité dans l'espace dont on veut régler la température.

C'est donc parmi les liquides et les fluides élastiques qu'il paraît convenable de choisir le corps auquel on pourrait donner le nom de *moteur du thermo-régulateur*. Je me propose d'examiner plus tard quels sont les avantages propres à l'emploi des liquides, et quels sont ceux que présentent les fluides élastiques, et, pour compléter cet examen, de m'occuper aussi de l'emploi qui pourrait être fait des vapeurs à saturation des liquides, ou des mélanges de ces vapeurs avec les gaz permanents. Ce que l'on peut dire à l'avance, d'une manière générale, c'est que les liquides et leurs vapeurs saturées ne peuvent être employés sans de très-graves inconvénients à des températures de beaucoup supérieures à celle de leur ébullition, à cause des pressions énormes auxquelles conduirait leur emploi, et que, dès lors, les gaz permanents seuls peuvent être admis dans un thermo-régulateur destiné à fonctionner à des températures quelconques.

Ce motif a dû déterminer mon choix, du moment que je me proposais d'obtenir une solution générale de la réglementation de la température.

---

[1] Je suppose implicitement ici que le gaz et l'enveloppe qui le contient ont été choisis de telle manière que le premier ne puisse subir aucune transformation chimique sous l'influence de la chaleur, soit par un nouvel arrangement de ses molécules élémentaires, soit par une combinaison de celles-ci avec celles des corps qui composent l'enveloppe.

Je reviendrai, par la suite, sur les moyens qui permettent de réaliser le plus facilement cette condition essentielle. On comprend, en effet, que si elle n'était pas remplie, le volume du gaz confiné pourrait subir un changement permanent, qui amènerait une véritable perturbation dans la marche du thermo-régulateur.

Pour éviter la confusion dans ce qui va suivre, je crois devoir décrire d'abord l'appareil qui me paraît le mieux réaliser cette solution générale, et en établir la théorie. Cette première étude facilitera beaucoup ce qui me restera à dire dans un nouveau mémoire des thermo-régulateurs à liquides, à vapeurs saturées et à mélanges de vapeurs et de gaz fixes, et de leur comparaison avec le thermo-régulateur à gaz permanents.

22. D'après ce que nous avons dit plus haut, un régulateur à gaz fixe consistera en un vase ou réservoir rempli de ce gaz et placé dans le lieu dont on veut régler la température. La communication du gaz avec l'atmosphère extérieure devra être hermétiquement fermée au moyen d'un piston, mobile avec le moindre frottement possible, et ce piston lui-même sera relié avec la soupape régulatrice. On conçoit de suite qu'un piston solide ne serait ici nullement convenable, attendu qu'il serait difficile, pour ne pas dire impossible, de le rendre complétement étanche au passage des gaz, tout en réduisant son frottement à peu de chose.

D'après cela, j'ai été naturellement conduit à l'emploi d'un piston liquide, et, parmi les liquides, j'ai choisi le mercure, parce qu'il jouit de l'avantage de ne pas donner de vapeurs sensibles à des températures peu élevées, telles que celles que peut prendre l'atmosphère de l'atelier dans lequel serait placé le thermo-régulateur, et que, de plus, moins que tout autre il est susceptible d'absorber les gaz, et de jeter ainsi une perturbation notable dans le volume du gaz emprisonné dans le réservoir.

Cela posé, il est possible de disposer le piston en mercure de différentes manières, qui, je crois, peuvent toutes se rapporter aux trois suivantes.

23. Le premier système est indiqué fig. 1, en voici la description.

A est le réservoir qui contient le gaz; ce réservoir est placé dans l'enceinte chauffée, qui est séparée de l'atmosphère extérieure par la cloison O O.

Le réservoir A est terminé par un tube de petit diamètre *aa*, qui traverse la cloison O O, et ce tube *a a* aboutit lui-même à une espèce de cloche renversée B, à laquelle il est invariablement lié; sur le tube *aa* est établie une soupape K[1], qui permet d'ouvrir ou de fermer la communication entre l'intérieur du tube et l'atmosphère extérieure.

[1] Bien qu'il ne soit pas impossible de rendre tout à fait étanche l'obturation qui résulte d'une telle soupape, ce résultat est toujours difficile à atteindre en pratique. Aussi fera-t-on bien de lui substituer un mode de clôture plus sûr, car une clôture tout à fait hermétique du réservoir A est chose tout à fait indispensable à la bonne marche du thermo-régulateur.

On trouvera, dans la figure 1 *bis*, le dispositif que j'ai adopté pour atteindre ce résultat, dispositif qui constitue ce que l'on nomme ordinairement une *soupape hydraulique*. Il consiste dans un petit tube *o o* soudé sur le tube *aa* de la figure 1. Le tube *o o* plonge, par son extrémité inférieure, dans une cuvette *pp*, contenant du mercure jusqu'au niveau *q q*. C'est ce liquide qui intercepte la libre communication du réservoir A avec l'atmosphère. Le tube *pp*, dans la position indiquée dans la figure, repose sur un verrou en fer *rr*, qui peut marcher librement dans le sens de son axe; les glissières de ce verrou sont portées par une plaque fixe *ss*, percée d'une ouverture *tt*, pouvant donner passage au tube quand le verrou est retiré. La plaque *ss* repose elle-même sur un massif en maçonnerie, dans lequel est pratiquée une cavité cylindrique *tt uu*, assez profonde pour recevoir toute la longueur de la cuvette *pp*.

Le jeu de ce dispositif est facile à comprendre.

Quand on voudra rétablir la communication entre le réservoir A et l'atmosphère, on prendra en main la cuvette *pp*, on reculera le verrou *rr* pour démasquer l'ouverture *tt*, puis on laissera descendre la cuvette dans la cavité *tt uu*, jusqu'à ce que le rebord dont est munie la cuvette à son extrémité supérieure vienne reposer sur la plaque *ss*, dont l'ouverture *tt* devra avoir un diamètre inférieur à celui du rebord de la cuvette.

Les manœuvres inverses se feront quand on voudra de nouveau isoler le gaz contenu dans le réservoir A.

Je n'ai pas cru devoir indiquer dans les diverses figures jointes à ce mémoire l'espèce de soupape dont je viens de donner la description, parce que ces figures ont pour but principal d'établir clairement la théorie assez complexe du thermo-régulateur, et que le mode de fermeture indiqué dans la figure 1 *bis* eût forcé à tenir compte de la modification que les dénivellations dans le tube *oo* apportent nécessairement dans le volume et dans la pression de l'air confiné dans l'appareil. J'ai préféré rejeter à un autre chapitre, où je donne un exemple numérique, le calcul de l'influence que peuvent avoir ces modifications sur la réglementation de la température.

La cloche B plonge dans un vase CC, rempli de mercure jusqu'au niveau *mn*. Le vase CC est d'ailleurs suspendu en D au fléau de balance DE, qui peut tourner autour du point F. Ce fléau porte, à son autre extrémité E, une tige à laquelle est liée la soupape GG', qui peut, en prenant diverses positions, obstruer plus ou moins les ouvertures HH', établissant la communication de la caisse MM avec l'air extérieur. La caisse MM communique, d'ailleurs, au moyen du tuyau N, avec la partie inférieure du cendrier du foyer, que nous supposons, dans le cas actuel, être la source de chaleur. Ce cendrier est hermétiquement fermé, et ne peut communiquer avec l'air extérieur qu'à l'aide du tuyau N.

Cela entendu, le jeu de l'appareil est facile à comprendre. On commence par échauffer le réservoir A jusqu'à la température de règle que l'on veut maintenir, et cela, en tenant la soupape K ouverte; on ferme ensuite celle-ci, et, dès lors, le gaz se trouve séparé de l'atmosphère extérieure. Les choses ainsi disposées, aussi longtemps que la température de règle se maintiendra, le système restera en repos; mais, dès que la température du réservoir A augmentera, le gaz qu'il contient tendra à se dilater, ce qui ne sera possible qu'à la condition qu'il fasse descendre le niveau du mercure dans la cloche B, en le faisant monter dans l'espace annulaire qui sépare cette cloche de l'enveloppe du vase CC. Par suite de ce déplacement du mercure, la pression du gaz augmentera en même temps que son volume, et la pression que le vase CC exerce en D sur le fléau prendra aussi un certain accroissement. Dès que le moment de cet accroissement, par rapport au centre de rotation, sera supérieur à celui des diverses résistances qui s'opposent au mouvement de la balance, celle-ci se mettra en mouvement, et, par suite, les soupapes GG' changeront de position. Les résistances qui pourront s'opposer au mouvement seront de deux espèces, savoir, les résistances passives, que l'on cherchera à rendre le plus faibles possible, sans qu'on puisse les annuler entièrement, et la résistance qui provient de l'action sur la soupape régulatrice d'une différence de pression entre l'air contenu dans la boîte MM et l'air extérieur. Cette différence de pression se produit par suite du tirage de la cheminée du foyer qui sert ici de source de chaleur. Elle a sa plus grande valeur quand la soupape ferme entièrement l'orifice, et décroît ensuite rapidement à mesure que celui-ci est plus ouvert. Il est facile de reconnaître qu'elle pourrait diminuer très-fortement la sensibilité du thermo-régulateur, mais on peut en annuler l'effet par l'emploi de soupapes, dites *sans pression*. Celle de la figure 1 est de cette espèce, car elle se compose de deux soupapes égales superposées, sur lesquelles les différences de pression agissent en sens inverse et se détruisent. Nous admettrons, désormais, qu'au moyen de soupapes semblables à celle de la figure 1, ou disposées autrement, mais produisant le même effet, les résistances passives du système sont les seules qu'ait à vaincre la force développée par le changement de la température [1].

Ce qui précède me semble suffisant pour donner une idée gé-

---

[1] Dans un rapport publié en Angleterre, M. le docteur Arnott, membre du jury international de l'Exposition universelle de 1855, parle du thermo-régulateur de mon invention qui y figurait, et dit que j'ai eu le tort de ne pas signaler les travaux que lui-même avait faits antérieurement sur le même sujet. Outre qu'il m'eût été assez difficile de parler de travaux que je ne connaissais pas à l'époque de l'Exposition, cela m'eût été d'autant plus impossible que je n'ai jamais publié une seule ligne sur mes propres recherches. C'est donc avec une extrême surprise que j'ai lu la réclamation de M. Arnott. Je n'ai pas cru, cependant, devoir m'adresser à la publicité pour y répondre, convaincu que la complète dissemblance qui existe entre les travaux de M. Arnott et les miens répondrait par elle-même suffisamment.

Mais aujourd'hui je crois devoir saisir l'occasion naturelle qui s'offre à moi, par la publication de ce mémoire, pour rompre un silence qui, s'il se prolongeait trop, pourrait être considéré comme un assentiment aux observations de M. le docteur Arnott.

Je déclare donc que, dans les conversations que j'ai eues en 1855 avec lui, conversations, du reste, toutes bienveillantes, le seul point de mon thermo-régulateur sur lequel il m'ait dit que nous nous fussions rencontrés, est l'emploi de la soupape d'équilibre pour la réglementation du foyer. Tout ce que je puis donc admettre, c'est que la nécessité de cet emploi nous est venue simultanément à l'esprit. Pour tout le reste, le mémoire actuel montrera suffisamment que je suis loin de marcher en rien sur les brisées de M. Arnott, ainsi que son rapport pourrait le faire supposer.

4.

nérale de l'appareil thermo-régulateur. On voit que le piston consiste ici en un vase mobile C C, contenant du mercure.

24. La figure 2 représente une disposition de thermo-régulateur, dont voici la description.

A est toujours le réservoir à gaz; il communique, au moyen d'un tube de petit diamètre *a a*, avec l'une des branches B d'un siphon renversé B *b b* B', rempli de mercure jusqu'au niveau *m n*. Dans le mercure de la branche B' est plongé, à une certaine profondeur, le cylindre en fer C ; ce cylindre est suspendu au point D du fléau, qui est relié, comme dans l'appareil que nous avons décrit tout à l'heure, avec la soupape régulatrice G G'; K est une soupape semblable à celle de la figure 1. Après que la soupape K est fermée, si la température monte dans A, le volume et la pression du gaz qui y est contenu augmentent à la fois. Le mercure descend dans la branche B du siphon, et monte dans la branche B'. A mesure que le mercure monte dans B', le plongeur C perd une partie de son poids de plus en plus considérable. Dès que le moment de cette perte de poids, par rapport au centre F, devient égal à celui des diverses résistances passives de la balance, le fléau de celle-ci commence à tourner et produit l'abaissement plus ou moins fort des soupapes.

Dans ce système, le piston consiste seulement dans le mercure du siphon qui se meut indépendamment de tout vase solide, contrairement à ce qui a lieu dans l'appareil de la figure 1.

25. La troisième disposition que pourrait prendre le thermo-régulateur est représentée dans la figure 3.

Dans cette figure, A est toujours le réservoir du gaz terminé par le tube *a a*, auquel est ajusté, par une de ses extrémités, un tube en caoutchouc *b b*, dont l'autre bout est assemblé sur le tube en fer *c c*; ce dernier tube est soudé à l'une des branches B du siphon renversé B F B'. L'autre branche est en communication avec l'air extérieur. Le siphon est rempli de mercure jusqu'au niveau *m n*, et il peut tourner autour du centre de rotation F. Son canal horizontal peut donc être considéré comme le fléau d'une

balance, au point E duquel on a suspendu la soupape régulatrice.
Dès que le gaz contenu dans A s'échauffe, il fait refluer le mercure de la branche B dans la branche C du siphon, et l'équilibre
de la balance est ainsi rompu, aussitôt que la variation du moment
du mercure, qui résulte de ce mouvement, fait équilibre au moment des résistances passives du système. Ce mouvement du siphon, qui entraîne celui de la soupape régulatrice, est rendu
possible par l'interposition du tube en caoutchouc *b b*, regardé
comme parfaitement flexible.

Dans ce système, le piston n'est autre chose que le siphon
rempli de mercure; il se rapproche donc de celui de la figure 1,
avec cette différence que, outre le mouvement commun du mercure et du vase qui le contient, il y a un mouvement particulier au liquide, qui le fait passer d'une branche à l'autre du
siphon.

La disposition de la figure 3 a, pour la pratique, le vice grave
de nécessiter l'emploi d'un tube en caoutchouc, dont la flexibilité
peut varier avec la température de l'air ambiant, qui peut se ger-
cer sous l'action du froid, et dont les joints avec les tubes métalliques ne sont pas aussi sûrs que ceux de ces derniers entre eux.
Ces vices ont une importance majeure dans un appareil où il est
indispensable que le réservoir contenant le gaz soit parfaitement
clos.

26. C'est donc entre les dispositions des figures 1 et 2 que l'on
aura à choisir. En comparant ces deux dispositions, il semble, à
première vue, que la première présente sur la deuxième un
certain avantage. En effet, les choses étant disposées comme elles
le sont dans les figures, il faudrait, dans la figure 2, que le mercure, après avoir détruit l'équilibre de la balance en allégeant
suffisamment le plongeur C, suivît celui-ci dans toute sa course,
pour que le mouvement pût continuer jusqu'à la complète fermeture de la soupape GG'. Il résulterait de là qu'au moment de la
fermeture la dénivellation dans le siphon B B' serait considérable,
ce qui nécessiterait un fort accroissement du volume et de la

pression du gaz du réservoir, et, par suite, une forte variation de la température de celui-ci.

Dans la figure 1, rien de semblable n'a lieu en apparence, le vase qui contient le mercure participant lui-même au mouvement de la balance; mais il se produit un effet d'un autre genre, qui vient aussi diminuer la sensibilité de l'appareil; en effet, par l'abaissement de la cuvette mobile CC, il se produit une véritable succion dans A, succion qui s'oppose au mouvement de descente, et rend nécessaire, pour être vaincue, un certain accroissement de la température du gaz. Nous verrons plus loin qu'en disposant convenablement les appareils ils peuvent être corrigés des défauts que nous venons de signaler, et que, dès lors, ces appareils semblent tous deux admissibles. Je me bornerai, dans le présent mémoire, à l'étude complète de l'appareil de la figure 1, auquel on peut donner le nom de *thermo-régulateur à cuvette mobile*. Les développements théoriques que comporte cette étude sont, du reste, applicables, avec de légères modifications, à celle de l'appareil de la figure 2, sur lequel je reviendrai dans un mémoire ultérieur.

CHAPITRE III.

THÉORIE DU THERMO-RÉGULATEUR À GAZ PERMANENT ET À CUVETTE MOBILE.

27. Tout ce que j'ai dit, en décrivant sommairement la manière dont fonctionne l'appareil de la figure 1, suppose que la pression de l'air extérieur ne change pas. Mais dans la réalité une telle supposition est inadmissible. Voyons donc ce qui se passera dans l'appareil quand le baromètre viendra à varier, quand la pression extérieure augmentera, par exemple. Dans ce cas, le mercure descendra dans l'espace annulaire qui sépare la cloche B de l'enveloppe de la cuvette mobile CC, et montera dans l'intérieur de la cloche, jusqu'à ce que la différence des niveaux aux-

quels il se trouve dans ces deux espaces soit égale à la colonne
de mercure qui mesure la différence des pressions du gaz renfermé
dans le réservoir A et de l'air extérieur. Par suite de cette dénivellation du mercure, la pression qu'il exerce sur la cuvette mobile sera diminuée, et l'effet produit sera le même que si la température du réservoir A s'était abaissée. La balance ouvrira donc
la soupape régulatrice, et la température croîtra jusqu'à un certain
point tel que la pression intérieure provenant de l'échauffement
du gaz fasse équilibre à la pression de l'air extérieur. Alors il s'é-
tablira un nouvel équilibre de température, jusqu'au moment où
la pression extérieure changera de nouveau.

La pression atmosphérique peut varier dans des limites assez
étendues, car la différence des colonnes barométriques qui me-
surent ses valeurs extrêmes est au-dessus de $0^m,05$ de mercure.

Voyons quelle variation subira la température du thermo-régulateur par suite de cette variation possible de la colonne barométrique.
Nommons P la hauteur la plus faible de cette colonne, et P′, sa
hauteur la plus forte. Supposons que l'appareil ait été réglé à la
pression P, et que la température de règle, exprimée en degrés
centigrades, soit représentée par T ; en ce moment, la pression du
gaz étant égale à P, le niveau du mercure sera le même dans la
cloche et dans l'espace annulaire. Si la pression barométrique devient P′, pour avoir la nouvelle température de règle il faudra
chercher quelle devra être la température du gaz pour que l'appareil revienne dans la même position qu'au moment de la réglementation, c'est-à-dire pour que le niveau du mercure soit encore
le même dans la cloche et dans l'espace annulaire. Il est évident
que, pour cela, il suffira d'exprimer que le volume, occupé par le
gaz à la température T sous la pression P, est le même que le
volume occupé par la même masse de gaz, sous la pression P′ à
la température cherchée, que nous représenterons par $T + t$. Re-
présentons par V le volume du réservoir A et de la partie chauffée
du tube aa, par v, le volume de la partie du tube qui n'est pas
chauffée, et soit b le coefficient de dilatation apparente du gaz

dans le réservoir. La quantité dont variera le volume $V + v$ en passant de la pression P à la pression P′, et de la température T à la température $T + t$ aura pour expression,

$$V(1 + bt) + v\frac{P}{P'} - (V + v)$$

cette quantité devant être nulle, nous aurons donc :

$$VPbt = (P' - P)(V + v) \qquad \text{d'où } t = \frac{P' - P}{Pb}\left(1 + \frac{v}{V}\right)$$

telle sera la valeur de la variation que pourra subir la température de règle quand la pression barométrique variera de P à P′. Traduisons cette valeur en chiffres, et pour cela faisons :

$$P' - P = 0,05 \qquad P = 0,73 \qquad b = 0,0036$$

ce qui s'éloigne peu de la réalité ; nous trouverons,

$$t = \frac{0,05}{0,73 \times 0,0036}\left(1 + \frac{v}{V}\right) = 19,03\left(1 + \frac{v}{V}\right)$$

$\frac{v}{V}$ devra toujours être une petite fraction, mais en le supposant même nul, on voit que la variation que les changements de hauteur du baromètre pourront amener dans le point de règle de la température du thermo-régulateur s'élèvera à plus de $19°$. Il est donc indispensable de trouver un moyen de faire disparaître cette cause de perturbation.

28. Comme la pression atmosphérique varie généralement avec lenteur, on pourrait obtenir une compensation passable de la cause perturbatrice dont nous venons de parler en plaçant sur le bras EF (fig. 1) du fléau de la balance un curseur dont on ferait varier la position d'après les indications du baromètre ; ce moyen de compensation a l'avantage d'être très-simple, et, quoiqu'il ait l'inconvénient de ne pas être d'une très-grande perfection et de reposer sur l'intelligence et l'attention d'un contre-maître ou d'un ouvrier, j'y reviendrai plus tard, pour faire voir quel parti on peut

en tirer dans la pratique. Pour le moment je me bornerai à donner la description et la théorie d'un moyen de compensation beaucoup plus parfait, qui est représenté dans la figure 4.

Cette figure ne diffère de la figure 1 qu'en ce que la cuvette mobile CC y est plongée dans le mercure de la cuvette inférieure II d'un baromètre en siphon I*ii*J; le niveau du mercure dans la cuvette II est indiqué par la ligne $m'n'$ et le niveau du mercure dans la chambre du vide J est en *jj*.

Par suite de cette nouvelle disposition, la cuvette mobile CC plongeant dans le mercure y perdra une partie de son poids. Si la pression atmosphérique vient à changer, par exemple à croître, le niveau du mercure baissera à la fois dans les deux espaces annulaires qui séparent la cloche B de la cuvette mobile, et celle-ci de la paroi de la cuvette inférieure du baromètre. L'abaissement du mercure dans le premier de ces deux espaces diminuera l'effort que la cuvette mobile fait sur le point D du fléau de la balance, et l'abaissement du mercure dans le deuxième augmentera cet effort. On comprend donc qu'il s'établira ainsi une certaine compensation; nous allons chercher à rendre cette compensation aussi parfaite que possible, en réglant convenablement les dimensions des cuvettes inférieure et supérieure du baromètre.

29. Coupons par la pensée l'ensemble des pièces de l'appareil (fig. 4) par un plan horizontal. Nommons :

ω la section superficielle ainsi faite dans l'intérieur de la cloche B;

ω'' la section faite dans l'espace annulaire qui sépare la cloche B de la cuvette mobile CC;

Ω la section superficielle totale faite dans l'intérieur de la cuvette mobile;

Ω' la section complète de cette cuvette comprise dans le cercle suivant lequel son enveloppe extérieure est coupée par le plan horizontal;

O la section horizontale faite dans l'intérieur de la chambre barométrique J;

O′ la section annulaire qui sépare l'intérieur de la cuvette II de la cuvette mobile CC.

Nommons aussi :

W le volume du gaz contenu dans le réservoir A, dans le tube aa et dans la cloche B jusqu'au niveau mn du mercure dans la cloche;

ε la densité ou le poids du mètre cube de mercure;

P la pression atmosphérique au moment où l'on a fermé la soupape K, et où l'appareil a été réglé, c'est-à-dire la pression qui fait équilibre à celle du gaz emprisonné dans le réservoir A;

P′ une pression atmosphérique quelconque;

P″ la pression que prend le gaz contenu dans A, lorsque se produit la pression extérieure P′.

Supposons d'ailleurs $P' > P$; dans ce cas le mercure baissera dans les deux sections annulaires ω″ et O′ et montera dans les sections ω et O, lorsque la pression extérieure passera de P à P′. Nommons :

z la hauteur dont il montera dans ω :

z' celle dont il baissera dans ω″;

x celle dont il montera dans O;

x' celle dont il baissera dans O′.

Les unités auxquelles se rapportent les quantités que nous venons de définir sont, pour les longueurs, le mètre; pour les surfaces, le mètre carré; pour les volumes, le mètre cube; les pressions de gaz ou de l'atmosphère sont exprimées par les hauteurs des colonnes de mercure qui leur font équilibre. Enfin l'unité de poids est le kilogramme.

Les mêmes unités seront toujours employées dans la suite de ce mémoire, et nous nous bornons à le dire une fois pour toutes.

Cela posé, par suite des définitions précédentes, nous aurons :

$$[1] \qquad x + x' = P' - P$$

En vertu de la loi de continuité et de l'incompressibilité des liquides, nous aurons aussi :

$$[2] \qquad O\,x = O'\,x'$$

De ces deux équations on déduit,

$$[3] \qquad x' = \frac{P' - P}{1 + \dfrac{O'}{O}}$$

Mais le poids dont augmente la cuvette mobile, par suite de l'abaissement du mercure dans O', est $\Omega' \varepsilon x'$, nous aurons donc pour ce poids,

$$[4] \qquad \Omega' \varepsilon x' = \Omega' \varepsilon \frac{P' - P}{1 + \dfrac{O'}{O}}$$

Le poids dont diminue la cuvette mobile, par suite de l'abaissement du mercure dans ω'', est $\Omega \varepsilon z'$; or, en vertu des définitions et de la continuité, nous avons :

$$[5] \qquad z + z' = P' - P''$$

$$[6] \qquad \omega z = \omega'' z'$$

d'où l'on tire,

$$[7] \qquad z' = \frac{P' - P''}{1 + \dfrac{\omega''}{\omega}}$$

Nous aurons donc, pour le poids perdu par la cuvette mobile,

$$[8] \qquad \Omega \varepsilon z' = \Omega \varepsilon \frac{P' - P''}{1 + \dfrac{\omega''}{\omega}}$$

Dans cette dernière expression, P'' est une quantité qui dépend de P et de P', et dont nous allons chercher la valeur. Pour cela remarquons qu'en vertu de la loi de Mariotte sur la compressibilité des gaz nous avons,

$$[9] \qquad WP = (W - \omega z)\, P''$$

d'où l'on tire,

$$[10] \qquad P'' = P \frac{1}{1 - \dfrac{\omega z}{W}} = P \left[1 + \frac{\omega z}{W} + \left(\frac{\omega z}{W} \right)^2 + \left(\frac{\omega z}{W} \right)^3 + \text{etc} \ldots \right]$$

5.

Ainsi que nous le verrons plus tard, $\frac{\omega z}{W}$ sera toujours une très-petite fraction, si l'on veut que le thermo-régulateur soit sensible. On aura donc une valeur très-rapprochée de P'', en annulant dans le second membre de l'équation [10] toutes les puissances de cette fraction d'un indice supérieur à l'unité.

Il vient alors,

$$[11] \qquad P'' = P\left(1 + \frac{\omega z}{W}\right)$$

mais on tire des équations [5] et [6],

$$[12] \qquad \ldots\ldots z\left(1 + \frac{\omega}{\omega''}\right) = P' - P''$$

on aura donc, en éliminant P'' entre [11] et [12] :

$$[13] \quad \ldots\ldots z\left(1 + \frac{\omega}{\omega''} + \frac{P\omega}{W}\right) = P' - P \qquad \text{d'où } z = \frac{P' - P}{1 + \frac{\omega}{\omega''} + \frac{P\omega}{W}}$$

On aura par suite :

$$[14] \qquad \ldots\ldots z' = \frac{\omega}{\omega''}z = \frac{P' - P}{1 + \frac{\omega''}{\omega} + \frac{P\omega''}{W}}$$

Substituant cette valeur de z' dans l'expression de la diminution du poids de la cuvette mobile, il vient :

$$[15] \qquad \ldots\ldots \Omega\varepsilon z' = \frac{\Omega\varepsilon(P' - P)}{1 + \frac{\omega''}{\omega} + \frac{P\omega''}{W}}$$

Cette perte de poids de la cuvette doit égaler l'augmentation résultant de l'abaissement du mercure dans O', pour que l'appareil soit indépendant des variations de la pression barométrique ; nous exprimerons cette condition en égalant les équations [4] et [15] membre à membre, ce qui donne :

$$[16] \qquad \frac{\Omega'}{1 + \frac{O'}{O}} = \frac{\Omega}{1 + \frac{\omega''}{\omega} + \frac{P\omega''}{W}}$$

Cette dernière équation nous donne le rapport $\frac{O'}{O}$:

$$[17] \quad \ldots \cdot \frac{O'}{O} = \frac{\Omega'}{\Omega}\left(1 + \frac{\omega''}{\omega} + \frac{P\omega''}{W}\right) - 1$$

30. On voit que ce rapport varie avec P, qui est la pression de l'atmosphère au moment où l'on a fermé la soupape K. Il faudrait donc, en envisageant les choses à un point de vue de rigueur absolue, que l'on choisît pour régler l'appareil en fermant la soupape K, un moment où la pression barométrique serait précisément la valeur de P que l'on aurait substituée dans l'équation [17] pour calculer le rapport $\frac{O'}{O}$ qui détermine les proportions du baromètre.

Mais il est facile de voir que l'on pourra, sans erreur sensible, à cause de la petitesse du terme $\frac{P\omega''}{W}$, régler l'appareil à un moment quelconque, en procédant de la manière suivante pour le calcul de $\frac{O'}{O}$.

Nous admettons que l'on fasse $P = 0,76$ dans l'équation [17], c'est-à-dire que le baromètre établira une compensation complète, quand la pression barométrique aura sa valeur moyenne; nous aurons ainsi :

$$[18] \quad \ldots \cdot \frac{O'}{O} = \frac{\Omega'}{\Omega}\left(1 + \frac{\omega''}{\omega} + 0,76\frac{\omega''}{W}\right) - 1$$

Dès lors si nous réglons l'appareil à un moment où la pression atmosphérique soit différente de $0,76$, la compensation que nous cherchons à établir ne sera plus parfaite. Cherchons quelle variation dans la température pourra résulter de ce défaut. Soit $0,76 \pm \pi$ la pression barométrique au moment où l'on règle l'appareil en fermant la soupape K; l'augmentation de poids de la cuvette correspondante à une variation $P' - P$ de la pression atmosphérique restera toujours $\dfrac{\Omega'\varepsilon\,(P'-P)}{1+\dfrac{O'}{O}}$, mais la perte de poids

qui lui correspond deviendra :

$$[19] \quad \frac{\Omega\varepsilon\,(P'-P)}{1+\dfrac{\omega''}{\omega}+\dfrac{\omega''}{W}\left(0,76\pm\pi\right)}=\frac{\Omega\varepsilon\,(P'-P)}{1+\dfrac{\omega''}{\omega}+0,76\,\dfrac{\omega''}{W}}\times\frac{1}{1\pm\dfrac{\omega''\pi}{W\left(1+\dfrac{\omega''}{\omega}+\dfrac{\omega''\times 0,76}{W}\right)}}$$

développant en série le second facteur de l'expression précédente,

et remarquant que $\dfrac{\omega''\pi}{\left(1+\dfrac{\omega''}{\omega}+0,76\,\dfrac{\omega''}{W}\right)W}$ étant toujours une très-

petite fraction, on peut négliger dans le développement toutes les
puissances de cette fraction supérieures à la première; nous trouverons que la perte de poids peut être exprimée par l'expression,

$$\frac{\Omega\varepsilon\,(P'-P)}{1+\dfrac{\omega''}{\omega}+0,76\,\dfrac{\omega''}{W}}\left[1\mp\frac{\pi\omega''}{W\left(1+\dfrac{\omega''}{\omega}+0,76\,\dfrac{\omega''}{W}\right)}\right]$$

D'après la condition exprimée par l'équation [18], on a :

$$\frac{\Omega}{1+\dfrac{\omega''}{\omega}+0,76\,\dfrac{\omega''}{W}}=\frac{\Omega'}{1+\dfrac{O'}{O}},$$ et par suite le premier terme de l'expres-

sion précédente compensera la perte de poids $\dfrac{\Omega'\varepsilon(P'-P)}{1+\dfrac{O'}{O}}$. La varia-

tion possible du poids de la cuvette sera donc exprimée par,

$$\frac{\Omega\varepsilon\,(P'-P)}{1+\dfrac{\omega''}{\omega}+0,76\,\dfrac{\omega''}{W}}\times\frac{\mp\pi\omega''}{W\left(1+\dfrac{\omega''}{\omega}+0,76\,\dfrac{\omega''}{W}\right)}$$

Le premier facteur de cette expression n'est autre chose que la
perte de poids que subirait la cuvette mobile par suite de la variation de pression P'—P, dans le cas où l'on n'aurait pas placé,
dans le thermo-régulateur, de baromètre compensateur, et où la
soupape K aurait été fermée dans un moment où la hauteur de la
colonne barométrique serait 0,76. L'addition du baromètre ne

permettra plus qu'une variation du poids de la cuvette mobile, qui sera à la précédente dans le rapport de

$$\frac{\mp\,\pi\omega''}{W\left(1+\dfrac{\omega''}{\omega}\,0{,}76+\dfrac{\omega''}{W}\right)}$$

à l'unité. Ce rapport sera toujours extrêmement petit, si l'appareil a des proportions convenables pour être sensible, et il sera possible de le réduire presque à zéro, en ayant le soin de faire régler le thermo-régulateur à un moment où la pression du baromètre s'écarte peu de 0,76, cas où π sera peu considérable.

On peut dire sans crainte, ainsi que je pourrais le prouver par des exemples numériques, qu'il sera toujours facile de faire en sorte que la variation de température du réservoir de l'appareil due aux écarts maxima de la pression barométrique soit à peine de 1/100 à 2/100 de degré centigrade. Des écarts aussi faibles m'autorisent, je crois, à dire que le baromètre ajouté au thermo-régulateur le rend insensible aux effets des changements de pression de l'atmosphère. Au moyen de cette addition, nous pourrons donc admettre désormais que les choses se passeront dans le thermo-régulateur comme si l'atmosphère conservait une pression invariable.

Avant de quitter ce sujet, je ferai remarquer qu'il eût été possible, en éliminant z ou z', au moyen des équations [5], [6] et [9], d'obtenir une équation du second degré qui nous eût donné la valeur exacte de P'', au lieu de la valeur approchée que nous avons employée, mais alors nous eussions été conduit à des relations beaucoup plus compliquées que celles que nous avons obtenues, et cela sans avantage réel, l'approximation que nous avons admise étant plus que suffisante.

31. Reportons-nous maintenant à la figure 4, et voyons d'un peu plus près comment fonctionnera l'appareil sous l'influence d'un changement de température. Supposons que l'appareil vient d'être réglé à la température voulue par la fermeture de la soupape K, et que cette fermeture a eu lieu quand le fléau D F E était horizontal. Admettons ensuite que la température du réser-

voir A augmente. Ainsi que nous l'avons déjà dit, cette augmentation de température fera monter le mercure dans l'espace annulaire compris entre la cloche B et la cuvette mobile, et, par suite, la pression que le mercure exerce sur celle-ci sera augmentée. Quand cette pression sera ainsi devenue suffisante pour que son moment par rapport au point F fasse équilibre à celui des résistances passives du système, le fléau sera sur le point de se mouvoir, et le moindre accroissement de la température du réservoir déterminera alors le mouvement d'abaissement du point D.

Ce mouvement, toutefois, sera immédiatement entravé par des forces nouvelles, qui croîtront à mesure que le point D s'abaissera davantage. En effet, à mesure que la cuvette mobile descendra, elle plongera de plus en plus dans le mercure de la cuvette inférieure du baromètre, et il résultera de là pour elle une perte de poids croissante.

De plus, par suite de la descente de la cuvette, la cloche B émergera du mercure, ce qui diminuera la hauteur de la surface supérieure de celui-ci au-dessus du fond de la cuvette mobile, et par suite le poids de celle-ci. Enfin la descente augmente le volume laissé libre dans la cloche par le mercure, et elle permet ainsi une dilatation du gaz emprisonné dans le réservoir A et dans la cloche B, dilatation qui diminue la pression de ce gaz et détermine aussi une véritable perte de poids pour la cuvette mobile.

Il faudrait donc, les choses étant disposées comme l'indique la figure 4, que, pour chaque inclinaison du fléau, l'excédant de poids de la cuvette qui résulte de l'accroissement de température fît équilibre non-seulement aux résistances passives du système, mais encore aux pertes de poids résultant des trois causes que nous venons d'indiquer. Or l'influence de ces trois causes, et surtout celle de la première, est considérable. Il faut donc conclure de là que la température devrait croître rapidement avec l'inclinaison du fléau, et que, par suite, l'appareil serait peu sensible.

Il était donc indispensable de chercher un remède à ce défaut

de sensibilité, et nous l'avons trouvé dans l'introduction d'une
nouvelle force qui compense en partie ou en totalité l'effet des
trois causes perturbatrices. Cette force doit avoir évidemment un
moment qui augmente rapidement avec l'angle α et presque pro-
portionnellement à son sinus. Or on peut mettre en jeu une telle
force dans le système de notre balance, en faisant en sorte que
son centre de gravité soit en un point H (fig. 5) placé au-dessus
de son centre de rotation; nous verrons bientôt que la disposition
indiquée joue un rôle capital dans la bonne marche du thermo-
régulateur.

Nous admettrons donc une telle disposition, et il nous restera
à déterminer la hauteur du centre de gravité au-dessus de celui
de rotation, pour laquelle on obtiendra la compensation la plus
parfaite. La détermination de cette hauteur nécessite une étude
complète des conditions d'équilibre du système, étude dont nous
allons maintenant nous occuper.

32. Pour rendre plus clair ce qui va suivre, j'ai construit la
figure 5, dans laquelle j'ai éloigné tous les détails qui n'ont pas
d'influence sur les équations d'équilibre. Dans cette figure, D F E
est toujours le fléau de la balance dont le centre de rotation est
en F; B est la cloche renversée qui communique, par l'intermédiaire du tube $a\,a$, avec le réservoir contenant le gaz soumis aux
variations de température. C C est la cuvette mobile remplie de
mercure jusqu'au niveau $m\,n$, et suspendue librement au point
D du fléau. H est la cuvette inférieure du baromètre compensateur, et $m'\,n'$ le niveau du mercure dans cette cuvette. E G est une
ligne verticale qui indique l'axe de suspension de la soupape régulatrice.

Nous admettrons que toutes les forces ou poids qui agissent sur
le fléau aient été disposées de telle sorte qu'elles se fassent équilibre quand le fléau est horizontal, et que, par suite, leur résultante Q soit dirigée suivant la verticale qui passe par le centre de
rotation.

Il est bon de remarquer que parmi ces poids est compris ce-

lui qu'a la cuvette mobile quand le fléau est horizontal, et quand
la pression du gaz est la même que celle de l'air extérieur. Cela
posé, dès qu'un accroissement de température du gaz aura aug-
menté suffisamment le poids de la cuvette mobile, elle mettra
en mouvement le fléau, jusqu'à ce qu'il arrive à une nouvelle position d'équilibre. Cherchons les conditions sous lesquelles cet équilibre pourra avoir lieu. Pour y arriver simplement, considérons
le centre de toutes les forces verticales qui agissent sur le fléau
quand celui-ci est horizontal; c'est le point par lequel passe constamment la résultante Q de toutes les forces, en supposant que
leurs intensités, pour toutes les inclinaisons du fléau, restent ce
qu'elles sont pour la position horizontale. Ce point H, quand le
fléau est horizontal, se trouve sur la verticale F H qui passe par
le centre de rotation.

D'après cela, pour trouver les conditions d'équilibre dans une
nouvelle position, il suffira de considérer le fléau comme sollicité
par les forces suivantes :

1° Une force égale à la résultante Q de toutes les forces qui
agissent quand le fléau est horizontal, et passant par la nouvelle position prise par le point H, en vertu de la rotation du système;

2° La variation du poids qu'aura produite sur la cuvette mobile son changement de position et l'accroissement de la température du gaz;

3° Les résistances passives du système.

Cherchons les moments de ces forces pour une inclinaison
quelconque du fléau et pour une variation donnée de la température du gaz.

Nous nommerons dans ce qui va suivre :

α, l'angle que le fléau fait avec l'horizontale;

t, la variation de la température du gaz;

p, la pression du gaz qui correspond à la nouvelle température
résultant de la variation t;

P, la pression de l'air extérieur, qui est égale à celle du gaz lorsque $t = o$;

Q, la résultante générale des forces verticales ou poids agissant sur la balance quand α et t sont nuls;

y, la distance du centre de rotation au point H, qui a été défini plus haut;

q, la variation du poids de la cuvette mobile correspondant à α et à t;

x, la distance du point D du fléau où est suspendue la cuvette mobile au centre de rotation;

$\pm$ N le moment total des diverses résistances passives du système.

Nous conservons d'ailleurs aux lettres ω, ω'', Ω, Ω', O, O', W et ε la signification qu'elles avaient dans l'article 29.

Le moment de la force Q aura pour valeur $Qy \sin \alpha$.

Quant à celui des résistances passives, il sera constant dans le cas qui nous occupe, sauf son signe, qui devra toujours être pris contraire à celui de la force qui tend à produire le mouvement. Il en serait différemment si, au lieu de chercher les lois de l'é-quilibre du système, nous voulions étudier celles de son mouvement. Dans ce dernier cas, la résistance des fluides dont la valeur est une fonction de la vitesse s'évanouissant quand celle-ci est nulle, entrerait en jeu, tandis que dans l'état d'équilibre nous n'avons à tenir compte que du frottement des diverses pièces les unes sur les autres. Ce frottement, dans le cas qui nous occupe, sera celui des tourillons ou couteaux de la balance, et il restera toujours proportionnel à la pression exercée par ces tourillons sur les coussinets, pression que l'on peut regarder comme invariable; son bras de levier sera d'ailleurs toujours égal au rayon des tourillons, qui reste aussi constant. Son moment est donc toujours le même et peut être représenté, ainsi que nous l'avons fait, par $\pm$ N, N étant une constante. On devra à la rigueur compter aussi au nombre des résistances passives l'adhérence du mercure à la surface de la cuvette mobile, mais cette adhérence est très-

6.

petite, et l'on peut admettre, sans erreur sensible, que son moment est constant et compris dans l'expression $\pm N$.

Il nous reste à chercher le moment de la variation de poids q de la cuvette mobile.

Pour être plus clair, je ferai d'abord abstraction de la cuvette inférieure du baromètre, que je supposerai supprimée. La figure 5 sera alors remplacée par la figure 6.

Dans cette dernière figure, $b\,b$ est la hauteur du niveau du mercure au-dessus du fond de la cuvette mobile, hauteur que nous désignerons par H; $d\,d$ est la hauteur de l'extrémité inférieure de la cloche B au-dessus du fond de la cuvette mobile, hauteur que nous appellerons h. Supposons maintenant que le fléau se soit incliné sur l'horizontale d'un angle α, la cuvette mobile sera descendue, et la figure 7 indiquera les nouvelles positions qu'auront prises les diverses lignes mobiles de la figure 6 ; on remarquera du reste que dans la première de ces deux figures on a affecté d'un accent les lettres qui se rapportent aux pièces mobiles avec le fléau.

Dans la figure 7 le niveau du mercure se sera abaissé dans la cloche et élevé dans l'espace annulaire dont la section est ω'', car le mouvement de descente de la cuvette n'a pu se produire que sous l'influence d'un accroissement de pression du gaz enfermé dans le réservoir; $m'\,n'$ et $m''\,n''$ indiquent les niveaux du mercure qui sont la conséquence de cette cause. $b'\,b'$ est la hauteur de $m'\,n'$ au-dessus du fond de la cuvette, hauteur que nous désignerons par H'; nous désignerons aussi par H" et h' les hauteurs de la ligne $m''\,n''$ et de l'extrémité inférieure de la cloche B au-dessus du fond de la cuvette. Les pressions que le mercure exerce sur le fond de la cuvette dans les positions indiquées par les figures 6 et 7, seront respectivement $\Omega\,\varepsilon\,H$ et $\Omega\,\varepsilon\,H'$. La différence de ces pressions, qui tend à faire continuer le mouvement de descente, sera donc $\Omega\,\varepsilon\,(H'-H)$. Dans cette expression la valeur de H' ne nous est pas explicitement connue. Il nous faut la déterminer. Pour cela nous remarquerons que la quantité de mercure contenue dans la cuvette est invariable. Or le volume de ce mercure est exprimé au moyen des données de la figure 6, par l'expression $\Omega h+(\omega+\omega'')(H-h)$, et, au moyen des données de la figure 7, par $\Omega h'+\omega(H''-h')+\omega''(H'-h')$, nous aurons donc,

$$[1] \qquad \Omega h+(\omega+\omega'')(H-h)=\Omega h'+\omega(H''-h')+\omega''(H'-h')$$

qui peut s'écrire sous la forme

$$[2] \quad \ldots (h'-h)\,[\Omega-(\omega+\omega'')]=(\omega+\omega'')H-(\omega H''+\omega''H')$$

Le fléau ayant tourné d'un angle α, la cuvette est descendue d'une hauteur $x\sin\alpha$, nous aurons donc,

$$[3] \qquad\qquad \ldots h'-h=x\sin\alpha$$

Nous aurons également,

$$[4] \qquad \ldots H'-H''=p-P \quad \text{d'où} \quad H''=H'-(p-P)$$

Portant les valeurs de $h'-h$ et de H'' données par [3] et [4] dans l'équation [2], il vient,

$$[5] \quad \ldots x\sin\alpha\,[\Omega-(\omega+\omega'')]=(\omega+\omega'')(H-H')+\omega(p-P)$$

d'où l'on tire,

$$[6] \qquad \ldots\ldots H'-H=\frac{\omega}{\omega+\omega''}(p-P)-x\sin\alpha\left(\frac{\Omega}{\omega+\omega''}-1\right)$$

L'excédant de pression que le mercure exerce sur la cuvette quand elle a pris la position de la figure 7 a donc pour valeur

$$\Omega\varepsilon\left[\frac{\omega}{\omega+\omega''}(p-P)-x\sin\alpha\left(\frac{\Omega}{\omega+\omega''}-1\right)\right]$$

Nous avons, dans ce qui précède, fait abstraction de la perte de poids résultant pour la cuvette mobile de son immersion dans le mercure du baromètre, perte qui augmente en même temps que l'angle α.

Cherchons maintenant la valeur de cette perte.

La cuvette mobile descendant d'une hauteur $x\sin\alpha$ déplacera dans la cuvette inférieure du baromètre un volume de mercure

mesuré par $\Omega x \sin \alpha$. Le liquide ainsi déplacé remontera d'une même hauteur dans les deux branches du baromètre; nommons z cette hauteur. Nous devrons avoir aussi,

$$[7] \qquad (O+O')\,z = \Omega' x \sin \alpha \qquad \text{d'où } z = x \sin \alpha \, \frac{\Omega'}{O+O'}.$$

Par suite de la descente de la cuvette mobile et de la montée du mercure dans O', la cuvette mobile, lorsqu'elle a pris la position de la figure 7, est plongée dans le mercure d'une hauteur qui diffère de celle dont elle est immergée dans la position de la figure 6 de la quantité $x \sin \alpha + z = x \sin \alpha \left(1 + \frac{\Omega'}{O+O'} \right)$. La perte de poids de la cuvette mobile due à cette cause sera donc $\Omega' \varepsilon x \sin \alpha \left(1 + \frac{\Omega}{O+O'} \right)$. En déduisant cette perte de l'excédant de poids que nous avons trouvé ci-dessus en faisant abstraction du baromètre, nous obtiendrons pour différence la force réelle qui, dans la position indiquée figure 7, agit sur le fléau simultanément avec la force Q et les résistances passives; c'est cette force que nous avons désignée par q, nous aurons donc,

$$[8] \quad q = \frac{\Omega \omega \varepsilon}{\omega+\omega''}(p-P) - \varepsilon x \sin \alpha \left[\Omega \left(\frac{\Omega}{\omega+\omega''} - 1 \right) + \Omega' \left(\frac{\Omega'}{O+O'} + 1 \right) \right]$$

Le bras de levier de la force q est d'ailleurs $x \cos \alpha$, son moment sera donc $qx \cos \alpha$.

Pour que les forces qui agissent sur le fléau se fassent équilibre, nous aurons,

$$[9] \ x \cos \alpha \left\{ \frac{\Omega \omega \varepsilon}{\omega+\omega''}(p-P) - \varepsilon x \sin \alpha \left[\Omega \left(\frac{\Omega}{\omega+\omega''} - 1 \right) + \Omega' \left(\frac{\Omega'}{O+O'} + 1 \right) \right] \right\} + Q y \sin \alpha = \pm N$$

qui peut se mettre sous la forme

$$[10] \ p-P = \pm N \frac{\omega+\omega''}{\Omega \omega \varepsilon x \cos \alpha} + \frac{\omega+\omega''}{\Omega \omega \varepsilon} \sin \alpha \left\{ \varepsilon x \left[\Omega \left(\frac{\Omega}{\omega+\omega''} - 1 \right) + \Omega' \left(\frac{\Omega'}{O+O'} + 1 \right) \right] - \frac{Q y}{x \cos \alpha} \right\}$$

33. Précisons, avant d'aller plus loin, la signification de cette dernière équation. Si nous y supposons $N = o$, c'est-à-dire que

l'appareil n'est soumis à aucune résistance passive, l'équation [10]
deviendra,

$$[11] \quad p - P = \frac{\omega+\omega''}{\Omega\omega\varepsilon}\sin\alpha\left\{\varepsilon x\left[\Omega\left(\frac{\Omega}{\omega+\omega''}-1\right)+\Omega'\left(\frac{\Omega'}{O+O'}+1\right)\right]-\frac{Q\gamma}{x\cos\alpha}\right.$$

et nous donnera la valeur de $p - P$ qui, dans cette hypothèse,
correspond à une valeur quelconque de l'angle α, ou, réciproquement, l'inclinaison α que prend le fléau pour une variation $p - P$
de la pression du gaz contenu dans le réservoir.

Le fléau étant en équilibre sous un certain angle α et sous
l'action d'une certaine pression du gaz donnée par l'équation [11],
la moindre variation dans la valeur de cette pression détruirait
l'équilibre, et l'angle α changerait.

Du moment où intervient l'action d'une résistance passive, telle
que le frottement, les choses se passent différemment. En effet,
admettons toujours la balance en équilibre, dans la même position que précédemment; et supposons que la pression p s'accroisse. La cuvette mobile tendra à descendre, mais le frottement s'opposera à cette descente jusqu'à ce que l'accroissement
de p soit assez grand pour vaincre cette résistance. Arrivé à ce
point, $p - P$ aura la valeur donnée par l'équation [10], en y affectant N du signe $+$, et dès lors le moindre accroissement de p
déterminera le mouvement de descente. Ce qui revient à dire
qu'à partir de l'équilibre où α et $p - P$ satisfaisaient à l'équation
[11], p pourra s'accroître de la quantité $N\dfrac{\omega+\omega''}{\Omega\omega\varepsilon x\cos\alpha}$ sans que l'é-
quilibre cesse de subsister.

On verrait de même que si p venait à décroître, le fléau reste-
rait d'abord immobile, et que ce n'est qu'au moment où le dé-
croissement deviendrait égal à $N\dfrac{\omega+\omega''}{\Omega\omega\varepsilon x\cos\alpha}$ que l'angle α commencerait à diminuer. Ainsi l'équilibre de la balance sous une
inclinaison α restera indifférent entre certaines limites, et cet
équilibre ne sera détruit dans un sens ou dans l'autre que lorsque p prendra, soit une valeur plus grande que celle donnée par

l'équation [10] en y donnant à N le signe +, soit une valeur plus petite que celle donnée par la même équation en y donnant à N le signe —. La quantité totale dont pourra varier p sans que le fléau change de position est $2\mathrm{N}\dfrac{\omega+\omega''}{\Omega\omega\varepsilon x\cos\alpha}$; cette quantité mesure en quelque sorte l'indifférence de la balance par une inclinaison α de son fléau.

34. Les variations de la pression du gaz sont produites par celles de sa température. L'équation [10] donne d'ailleurs la relation qui lie la pression à l'angle α du fléau, et par suite à la hauteur de la soupape régulatrice. Il ne nous reste donc qu'à chercher la loi qui lie la pression à la température pour obtenir celle qui lie celle-ci à l'angle α.

En vertu des lois de Mariotte et de Gay-Lussac[1] sur la compressibilité et la dilatation des gaz, nous avons pour la dilatation que subit le volume du gaz enfermé dans notre appareil, lorsque sa température augmente de t degrés et lorsque sa pression P devient p,

$$\left[\mathrm{V}\,(1+bt)+v\right]\frac{\mathrm{P}}{p}-(\mathrm{V}+v)$$

Mais l'excès de volume qui s'est ainsi produit est précisément égal au volume que le mercure a laissé libre dans la cloche B quand le système est passé de la position de la figure 6 à celle de la figure 7. En se reportant à ces figures et aux définitions qui les concernent, il est facile de voir que ce volume a pour expression $\omega\,(x\sin\alpha+\mathrm{H}-\mathrm{H}'')$. Les équations [4] et [6] nous donneront d'ailleurs la valeur de $\mathrm{H}-\mathrm{H}''$, et en substituant cette valeur dans l'expression précédente elle prendra la forme

$$\frac{\omega}{\omega+\omega''}\left[\Omega x\sin\alpha+\omega''(p-\mathrm{P})\right]$$

---

[1] Je crois à peine utile de faire remarquer ici que, bien que les expériences de M. Regnault aient montré que ces lois n'avaient pas en général une rigueur mathématique absolue, on peut les considérer comme telles dans le cas actuel, où les variations de la température et de la pression sont nécessairement renfermées dans des limites très-étroites.

Nous aurons donc,

$$[12] \quad \left[V(1+bt)+v\right]\frac{P}{p} - (V+v) = \frac{\omega}{\omega+\omega''}\left[\Omega x \sin\alpha + \omega''(p-P)\right]$$

Cette équation détermine t en fonction de p, et, en y substituant la valeur de p, donnée par l'équation [10], nous aurions la valeur de t en fonction de α; mais nous arriverions ainsi à une expression compliquée, où il serait difficile d'apprécier clairement l'influence de chacun des éléments qui la composent. Je crois donc préférable de recourir à une formule approximative qui sera toujours très-près de la vérité quand $p - P$ sera lui-même très-petit par rapport à P, ce qui est nécessairement le cas où nous nous trouvons.

Pour obtenir cette formule approximative, remarquons que le premier membre de l'équation [12] peut s'écrire sous la forme $\frac{VP\,bt-(V+v)(p-P)}{p}$, ou $\left[V bt - (V+v)\left(\frac{p-P}{P}\right)\right]\frac{1}{1+\frac{p-P}{P}}$, ou enfin, en développant en série le facteur qui multiplie la parenthèse, sous la forme, $\left[\frac{VP\,bt-(V+v)(p-P)}{p}\right]\left[1-\left(\frac{p-P}{P}\right)+\left(\frac{p-P}{P}\right)^2 - \text{etc}\ldots\right]$

Si nous admettons que $\frac{p-P}{P}$ est très-petit, la série placée dans la deuxième parenthèse diffère très-peu de l'unité, et l'on peut, avec une très-faible erreur, remplacer l'équation [12] par la suivante :

$$[13] \quad \frac{VP\,bt-(V+v)(p-P)}{P} = \frac{\omega}{\omega+\omega''}\left[\Omega x \sin\alpha + \omega''(p-P)\right]$$

d'où

$$[14].\quad\ldots\ldots t = \frac{1}{VP\,b}\left[(p-P)\left(V+v+\frac{P\omega\omega''}{\omega+\omega''}\right)+\frac{P\Omega\omega}{\omega+\omega''}x\sin\alpha\right]$$

$p-P$ nous est donné par l'équation [10], dans laquelle, pour simplifier, nous ferons

$$[15] \quad \varepsilon x\left[\Omega\left(\frac{\Omega}{\omega+\omega''}-1\right)+\Omega'\left(\frac{\Omega'}{0+0'}+1\right)\right] - \frac{Q\gamma}{x\cos\alpha} = M$$

7

Ce qui nous permettra de remplacer l'équation [10] par

$$[16] \quad p - P = \pm N \frac{\omega + \omega''}{\Omega \omega \varepsilon \, x \cos \alpha} + M \frac{\omega + \omega''}{\Omega \omega \varepsilon} \sin \alpha = \frac{\omega + \omega''}{\Omega \omega \varepsilon} \left(\pm \frac{N}{x \cos \alpha} + M \sin \alpha \right)$$

substituant cette dernière valeur de $p - P$ dans [14], il vient :

$$[17] \quad t = \frac{1}{\text{VP} b} \Big\} \pm N \frac{\omega + \omega''}{\Omega \omega \varepsilon \, x \cos \alpha} \left[V + v + \frac{P \omega \omega''}{\omega + \omega''} \right] + \left[M \frac{\omega + \omega''}{\Omega \omega \varepsilon} \left(V + v + \frac{P \omega \omega''}{\omega + \omega''} \right) + \frac{P \Omega \omega x}{\omega + \omega''} \right] \sin \alpha \Big\}$$

35. Ce que j'ai dit de la signification de l'équation [10] me dispense d'entrer ici dans des explications analogues, mais je crois utile de donner quelques nouveaux développements de nature à éclaircir plus complétement la nature des résultats auxquels nous sommes parvenu.

Revenons pour cela à la figure 1, et supposons que la soupape K ait été fermée au moment où la température du réservoir était T et l'inclinaison du fléau sur l'horizontale a. A ce moment, la soupape régulatrice du foyer ouvre en partie les orifices par lesquels l'air peut pénétrer au cendrier. Nommons a_1 l'angle du fléau pour lequel la soupape régulatrice est entièrement ouverte, et a_2 l'angle pour lequel elle est fermée ; a doit évidemment avoir une valeur intermédiaire entre a_1 et a_2, et dans les conditions de la figure 1 on a $a_1 < a < a_2$. Supposons que la température du réservoir augmente, on obtiendra la valeur de l'accroissement pour lequel la soupape régulatrice commencera son mouvement de fermeture ou de montée, en mettant dans le deuxième membre de l'équation [17] a à la place de α et en y affectant N du signe $+$; dès que l'accroissement sera plus grand que la valeur de t ainsi obtenue, l'angle α augmentera, et le fléau convergera vers une nouvelle position d'équilibre. L'inclinaison du fléau dans cette nouvelle position sera comprise entre les deux valeurs de l'angle α que donnerait l'équation [17], en y substituant pour t la valeur de l'accroissement supposé de la température du réservoir, et en faisant successivement N positif et négatif. L'équilibre, ainsi que je l'ai déjà dit, reste donc indifférent entre les deux valeurs de α, et l'on ne peut déterminer entièrement, par nos équations, la position que prendra le fléau sous l'influence d'un accroissement donné de la température.

36. Cherchons maintenant comment il sera possible de restreindre la variation t de la température dans les plus étroites limites. Remarquons d'abord que le deuxième terme du second membre de l'équation [17] contient la lettre M, dont la valeur est donnée par l'équation [15], et que cette valeur contient elle-même le terme négatif $\dfrac{Q\gamma}{x\cos\alpha}$, que nous pouvons faire varier en réglant convenablement le poids et le centre de gravité de la partie mobile du thermo-régulateur; voyons comment nous pourrons disposer de ce terme pour donner à l'appareil la plus grande sensibilité possible.

Il est évident que l'on ne gagnerait rien à rendre le deuxième terme du second membre de l'équation [17] négatif. En effet, on diminuerait ainsi la valeur absolue de t qui fait descendre la cuvette mobile et s'obtient en affectant N du signe $+$ dans l'équation, mais on augmenterait d'autant la valeur absolue de t qui fait remonter la cuvette et s'obtient en faisant N négatif. Ce que l'on gagnerait en sensibilité dans un sens serait donc perdu dans l'autre; ce qui revient à dire que la sensibilité de l'appareil restera la même pour une même valeur absolue du deuxième terme du second membre de l'équation [17], de quelque signe que cette valeur soit affectée.

Il résulte de là que le maximum de sensibilité correspondra au cas où l'on fera la valeur de ce terme égale à zéro, c'est-à-dire où l'on aura,

$$[18] \qquad M\frac{\omega+\omega''}{\Omega\omega\varepsilon}\left(V+v+\frac{P\omega\omega''}{\omega+\omega''}\right)+\frac{P\Omega\omega x}{\omega+\omega''}=0$$

d'où l'on tire,

$$[19] \qquad M=-\frac{P\varepsilon x}{V+v+\dfrac{P\omega\omega''}{\omega+\omega''}}\left(\frac{\Omega\omega}{\omega+\omega''}\right)^2$$

égalant cette valeur de M à celle donnée par l'équation [15] on a,

$$[20] \quad \Omega\left(\frac{\Omega}{\omega+\omega''}-1\right)+\Omega'\left(\frac{\Omega'}{0+0'}+1\right)-\frac{Q\gamma}{\varepsilon x^2\cos\alpha}=\frac{P}{V+v+\dfrac{P\omega\omega''}{\omega+\omega''}}\left(\frac{\Omega\omega}{\omega+\omega''}\right)^2$$

d'où l'on tire,

$$[21] \quad Q\gamma=\varepsilon x^2\cos\alpha\left[\Omega\left(\frac{\Omega}{\omega+\omega''}-1\right)+\Omega'\left(\frac{\Omega'}{0+0'}+1\right)+\frac{P}{V+v+\dfrac{P\omega\omega''}{\omega+\omega''}}\left(\frac{\Omega\omega}{\omega+\omega''}\right)^2\right]$$

Pour mieux voir la signification de cette dernière équation, multiplions ses deux membres par sin α et mettons-la sous la forme,

$$[22]\, Q\gamma\sin\alpha=x\cos\alpha\left\{\varepsilon x\sin\alpha\left[\Omega\left(\frac{\Omega}{\omega+\omega''}+1\right)+\Omega'\left(\frac{\Omega'}{0+0'}+1\right)\right]+\frac{P\varepsilon x\sin\alpha}{V+v+\dfrac{P\omega\omega''}{\omega+\omega''}}\left(\frac{\Omega\omega}{\omega+\omega''}\right)^2\right\}$$

$Q\gamma\sin\alpha$ est le moment du poids Q pour l'inclinaison α du fléau. Les deux premiers termes du second membre de l'équation [22] représentent, ainsi qu'il est facile de s'en convaincre, en se reportant à ce qui a été dit à l'article 32, le moment des pertes de poids qui résultent pour la cuvette mobile de l'immersion plus ou moins grande de la cloche fixe dans le mercure de cette cuvette et de l'immersion de celle-ci dans le mercure de la cuvette inférieure du baromètre.

Quant au dernier terme de l'équation [22], il représente le moment de la perte de poids qui résulte, pour la cuvette mobile, de la dilatation et par suite de la perte de pression que son mouvement de descente produit sur le gaz du réservoir. Pour éviter une digression trop longue, je renvoie à la note n° 1, placée à la fin de ce mémoire, le calcul de cette perte de poids, qui établira la vérité de ce que je viens de dire.

D'après ce qui précède, on voit que l'équation [22] ou l'équation [21] indiquent que le moment de la force Q doit être tel qu'il compense pour une valeur quelconque de α celui des diverses pertes de poids qu'a subies la cuvette par suite de ce que le fléau s'est incliné d'un angle α. Ces pertes ne dépendent en rien du changement de la température.

On pourrait encore dire de l'équation [21] qu'elle exprime la condition nécessaire pour que la force Q compense les résistances qui résultent, pour le mouvement de la balance, des conditions particulières auxquelles elle est assujettie dans le thermo-régulateur, et qu'ainsi en y satisfaisant on rend à cette balance toute la sensibilité d'une balance ordinaire dont le centre de gravité coïnciderait avec le centre de rotation.

Il est bon d'observer, toutefois, qu'en disant que la balance du thermo-régulateur est rendue aussi sensible qu'une balance ordinaire, cela signifie seulement que leur mouvement à toutes deux commencerait sous l'action d'une même surcharge appliquée à une même distance horizontale du centre de rotation. Mais il est clair que la balance du thermo-régulateur se mouvra toujours avec plus de lenteur que la balance ordinaire, par suite de la résistance que le mercure oppose au mouvement de certaines parties de la première.

37. Voyons maintenant comment il nous sera possible de remplir la condition exprimée par l'équation [21]. A priori cela paraît impossible, puisque le second membre est multiplié par le facteur variable $\cos \alpha$, et que l'on ne peut admettre que Q ou y soient variables; mais en y réfléchissant on voit qu'il y a moyen de surmonter cette difficulté, voici comment.

En se reportant à l'équation [22], on reconnaît que le facteur $x \cos \alpha$ du second membre n'est autre chose que le bras de levier de la pression verticale que la cuvette mobile exerce sur le fléau. Ce bras de levier est variable par suite du mode de liaison que nous avons supposé exister entre cette cuvette et le fléau. Si, au lieu de supposer que la cuvette était supportée par une tringle suspendue elle-même au point D (fig. 1) du fléau, nous avions admis la disposition indiquée figure 8, il en eût été différemment. En effet, dans cette dernière figure, la cuvette CC, au lieu d'être suspendue invariablement au point D, est supportée par un

cordon *bd* qui s'enroule sur l'arc de cercle *dd*, à l'extrémité supérieure duquel il est fixé. L'arc *dd* a son centre au centre F de rotation du système. On conçoit dès lors que le bras de levier de
la cuvette mobile est constant, et que, si nos calculs avaient porté
sur un tel système, $\cos\alpha$ ne serait pas entré dans l'équation [21],
et qu'ainsi il devenait facile de satisfaire à cette équation en choi-
sissant convenablement Q et y.

J'ai eu un moment l'idée d'admettre cette disposition qui, à
un point de vue abstrait, permet une compensation rigoureusement exacte; mais, si l'on examine la question au point de vue
pratique, on voit bientôt que cette solution est bien moins satisfaisante qu'elle ne le paraît au premier abord. Remarquons en
effet que les bras de levier du poids de la cuvette dans les figures 1
et 8 sont $x\cos\alpha$ et x, et qu'ainsi ils ne diffèrent pour l'inclinai-
son α du fléau que de la quantité $x(1-\cos\alpha)=x\left(\dfrac{\alpha^2}{2}-\dfrac{\alpha^4}{4}+\text{etc.}\right)$.
Or, dans la pratique x et α sont généralement très-petits. La diffé-
rence des bras de levier des figures 1 et 8 sera donc une quantité extrêmement petite. Dès lors, pour peu que le cordon de suspension de la cuvette et son arc ne soient pas exécutés avec une
précision mathématique, pour peu que le cordon présente d'iné-
galités dans son épaisseur, ou que l'arc n'ait pas son centre au
point F, les variations qui en résulteront pour le bras de levier
de la figure 8 pourront être du même ordre que les différences
qui existent entre ce bras de levier et celui de la figure 1, et il
deviendra assez indifférent d'adopter la première disposition au
lieu de la deuxième.

Sans donc vouloir dire d'une manière absolue que l'on ne pourrait pas obtenir une compensation satisfaisante par une exécution
très-soignée de la disposition de la figure 8, j'ai cherché s'il ne
serait pas possible d'obtenir un moyen pratiquement plus sûr
d'atteindre au même but. Ce que je viens de dire de la petitesse
de la variation de $\cos\alpha$ doit faire croire qu'une telle recherche
est d'une importance minime, et que l'on obtiendrait une com-

pensation suffisante en supposant $\alpha = 0$ ou $\cos \alpha = 1$ dans l'équation [21]. Cette approximation serait en effet très-suffisante dans la plupart des applications pratiques, et l'on pourra presque toujours s'en contenter. Quelques exemples numériques feraient voir cependant que l'on augmenterait ainsi d'une manière parfois assez sensible les écarts de température qui amènent la fermeture et l'ouverture de la soupape régulatrice. Ainsi l'on verra, dans l'exemple particulier dont je donnerai le calcul dans un prochain mémoire, que la variation de température qui serait la conséquence de ce que, dans l'équation [21], on supposerait $\cos \alpha = 1$, au lieu de chercher à y satisfaire rigoureusement, peut s'élever à 1/3 de degré centigrade. Il était donc intéressant, au point de vue théorique, et pour obtenir la sensibilité maximum du thermo-régulateur, ainsi que cela peut être utile dans quelques cas exceptionnels, de chercher à satisfaire à l'équation [21] avec le plus de rigueur possible. Voici de quelle manière on peut atteindre ce but.

38. Soit, dans la figure 9, DE le fléau de la balance, aux deux extrémités duquel sont librement suspendues par des tringles la soupape régulatrice et la cuvette mobile. Imaginons qu'en un certain point I du fléau soit librement suspendue une pièce J, disposée de telle manière que, lorsque le fléau est horizontal, la partie inférieure de cette pièce affleure le niveau supérieur ll du mercure contenu dans la cuvette LL. Si le fléau s'incline de telle sorte que le point I descende, la pièce J s'enfoncera graduellement dans le mercure et y perdra une partie de son poids de plus en plus grande. Nous avons donc introduit dans le système une nouvelle force variable, au moyen de laquelle il est possible de satisfaire à l'équation [21], si l'on détermine convenablement la forme du plongeur J. Il est évident que l'on pourra choisir à cet effet un solide de révolution ayant pour axe la verticale passant par le point I, et il suffira d'en déterminer la génératrice.

Remarquons que la force variable due à l'effet de ce plongeur agit comme résistance au mouvement du fléau, et qu'ainsi son moment viendra s'ajouter dans l'équation [22] aux termes du deuxième membre; nommons R la nouvelle force variable, et x' la distance de son point d'application I au centre de rotation F; le moment de R correspondant à l'angle α du fléau sera $R\,x'\cos\alpha$, et en ajoutant ce moment au second membre de [22], nous aurons,

$$[23]\ Q y \sin\alpha = x\cos\alpha \left\{ \varepsilon x \sin\alpha \left[\Omega\left(\frac{\Omega}{\omega+\omega''}-1\right) + \Omega'\left(\frac{\Omega'}{O+O'}+1\right) \right] + \frac{P\varepsilon x \sin\alpha}{V+v+\frac{P\,\omega\omega''}{\omega+\omega''}}\left(\frac{\Omega\omega}{\omega+\omega''}\right)^2 + R\frac{x'}{x} \right.$$

ou, en divisant les deux membres par $\sin\alpha\,\cos\alpha$,

$$[24]\ \frac{Q y}{\cos\alpha} = \varepsilon x^2 \left[\Omega\left(\frac{\Omega}{\omega+\omega''}-1\right) + \Omega'\left(\frac{\Omega}{O+O'}+1\right) + \frac{P}{V+v+\frac{P\,\omega\,\omega''}{\omega+\omega''}}\left(\frac{\Omega\omega}{\omega+\omega''}\right)^2 \right] + \frac{R x'}{\sin\alpha}$$

Nous pourrons toujours disposer de $Q y$, de telle sorte que l'équation [21] soit satisfaisante quand $\alpha = 0$, ce qui donnera :

$$[25]\ Q y = \varepsilon x^2 \left[\Omega\left(\frac{\Omega}{\omega+\omega''}-1\right) + \Omega'\left(\frac{\Omega'}{O+O'}+1\right) + \frac{P}{V+v+\frac{P\,\omega\,\omega''}{\omega+\omega''}}\left(\frac{\Omega\omega}{\omega+\omega''}\right)^2 \right]$$

Retranchant membre à membre l'équation [25] de [24] il vient :

$$[26]\ \ Q y\left(\frac{1}{\cos\alpha}-1\right) = \frac{R x'}{\sin\alpha} \qquad \text{d'où } R = \frac{Q y}{x'}\left(\frac{1}{\cos\alpha}-1\right)\sin\alpha$$

Telle est donc la relation à laquelle devra satisfaire la force variable R. Voyons si nous pourrons atteindre ce but au moyen du plongeur J de la figure 9.

La surface du plongeur est engendrée par la révolution d'une courbe autour de la verticale du point de suspension. Nous pourrions chercher quelle devra être la nature de cette courbe, et nous verrions que la question peut être résolue rigoureusement, quelle que soit l'amplitude de l'angle α. J'ai cru préférable de renvoyer l'étude de cette question dans la note 2 à la fin de ce mémoire, attendu que, dans le cas qui nous occupe, l'angle α est toujours très-petit, ce qui permet d'obtenir une solution plus simple avec un degré d'approximation tel qu'en pratique on peut dire que cette solution ne laisse rien à désirer.

Cette solution consiste à admettre que l'arête génératrice du plongeur est une droite. Il nous reste à faire voir que cette hypothèse satisfait à très-peu près à l'équation [26]. C'est ce que l'on peut faire de la manière suivante :

Soit J (fig. 10), le plongeur conique, au moment où son sommet affleure le niveau supérieur ll du mercure contenu dans la cuvette LL, c'est-à-dire au moment où le fléau de la balance est horizontal.

Soit J' (fig. 11), la nouvelle position du plongeur, lorsque le fléau s'est incliné de l'angle α. Par suite de l'enfoncement du plongeur dans le mercure le niveau de celui-ci sera monté de ll en $l'l'$.

Nommons δ la hauteur dont le cône est immergé dans le mercure, c'est-à-dire la distance verticale qui sépare le sommet du cône de la surface $l'l'$ du mercure ; et φ le rayon du cercle qui résulte de l'intersection du cône et du plan horizontal $l'l'$.

Désignons enfin par Ω'' la surface de la section faite horizontalement dans l'intérieur du vase LL, que nous supposons cylindrique.

Le volume de la partie immergée du cône aura pour expression $\frac{1}{3}\pi\varphi^2\delta$ et le poids qu'aura perdu le plongeur dans le mercure sera $\frac{1}{3}\varepsilon\pi\varphi^2\delta$. Ce poids perdu n'étant autre chose que la force variable R, nous aurons donc :

$$[27] \qquad \dots\dots\frac{1}{3}\varepsilon\pi\varphi^2\delta = \frac{Qy}{x'}\left(\frac{1}{\cos\alpha} - 1\right)\sin\alpha$$

Par suite de la loi de continuité et d'incompressibilité des liquides, le volume de la partie immergée du cône doit être égal au volume du cylindre dont la base est Ω'', et dont la hauteur h_1 est la différence des niveaux entre $l'l'$ (fig. 11) et ll (fig. 10), c'est-à-dire la quantité dont a haussé le niveau du mercure. Or, la hauteur dont a descendu le plongeur pendant que le fléau s'est incliné sous l'angle α est $x\sin\alpha$; h_1 sera donc égal à $\delta - x'\sin\alpha$, et nous aurons :

$$[28] \qquad \dots\dots\frac{1}{3}\pi\varphi^2\delta = \Omega''\left(\delta - x'\sin\alpha\right)$$

Enfin, nous supposons que le plongeur est un cône droit, nous

8

devons donc avoir, en nommant K la tangente trigonométrique de l'angle que fait l'arête du cône avec son axe,

$$[29] \quad \ldots\ldots \varphi = K\delta$$

Les équations [27] et [28] donnent,

$$[30] \quad \ldots\ldots \Omega''\varepsilon(\delta - x'\sin\alpha) = \frac{Q\gamma}{x'}\left(\frac{1}{\cos\alpha} - 1\right)\sin\alpha$$

On a également, en combinant [27] avec [29],

$$[31] \quad \ldots\ldots \frac{1}{3}\pi K^2\delta^3 = \frac{Q\gamma}{\varepsilon x'}\left(\frac{1}{\cos\alpha} - 1\right)\sin\alpha$$

Pour que le cône droit puisse être une solution du problème que nous cherchons à résoudre, il faut que les équations [27], [28] et [29] soient compatibles; il faut donc que les deux valeurs de δ que l'on peut tirer de [30] et [31] puissent être identifiées. Pour faire voir qu'il en est ainsi, développons $\frac{1}{\cos\alpha}$ en série suivant les puissances entières de $\sin^2\alpha$, nous aurons :

$$[32] \quad \frac{1}{\cos\alpha} = \frac{1}{\sqrt{1-\sin^2\alpha}} = 1 + \frac{\sin^2\alpha}{2} + \frac{1.3}{1.2}\left(\frac{\sin^2\alpha}{2}\right)^2 + \frac{1.3.5}{1.2.3}\left(\frac{\sin^2\alpha}{2}\right)^3 + \ldots + \frac{1.3.5(2n-3)}{1.2.3\ldots(n-1)}\left(\frac{\sin^2\alpha}{2}\right)^{n-1} + \ldots$$

Cette série est très-rapidement convergente quand l'angle α est petit; nous obtiendrons donc une approximation considérable en négligeant tous les termes dans lesquels $\sin\alpha$ est à une puissance supérieure à la 4ᵉ, ce qui nous donnera,

$$[33] \quad \frac{1}{\cos\alpha} - 1 = \frac{\sin^2\alpha}{2}\left(1 + \frac{3}{4}\sin^2\alpha\right)$$

Portant cette valeur de $\frac{1}{\cos\alpha} - 1$ dans [30] et [31] et résolvant par rapport à δ nous aurons :

$$[34] \quad \delta = x'\sin\alpha + \frac{Q\gamma}{2\Omega''\varepsilon x'}\sin^3\alpha\left(1 + \frac{3}{4}\sin^2\alpha\right)$$

$$[35] \quad \delta^3 = \frac{3Q\gamma}{2\pi K^2\varepsilon x'}\sin^3\alpha\left(1 + \frac{3}{4}\sin^2\alpha\right)$$

En extrayant la racine cubique des deux membres de cette dernière, et en remarquant que dans le cas où $\sin^2\alpha$ est très-petit on a avec une grande approximation $\sqrt[3]{1+\frac{3}{4}\sin^2\alpha}=1+\frac{1}{4}\sin^2\alpha$, il vient,

$$[36] \qquad \delta=\sqrt[3]{\frac{3Q\gamma}{2\pi K^2\varepsilon x'}}\times\sin\alpha\left(1+\frac{1}{4}\sin^2\alpha\right)$$

Les valeurs de δ données par [34] et [36] doivent être identiques, et elles le seront très-sensiblement en négligeant, dans la première, le terme qui contient $\sin^5\alpha$, et égalant deux à deux les coefficients de $\sin\alpha$ et $\sin^3\alpha$ dans [34] et [36], ce qui nous donnera :

$$[37] \qquad x'=\sqrt[3]{\frac{3Q\gamma}{2\pi K^2\varepsilon x'}} \quad \text{d'où } K^2=\frac{3Q\gamma}{2\pi\varepsilon x'^4}$$

$$[38] \qquad \frac{Q\gamma}{2\Omega''x'\varepsilon}=\frac{1}{4}\sqrt[3]{\frac{3Q\gamma}{2\pi K^2\varepsilon x'}}=\frac{x'}{4} \quad \text{d'où } \Omega''=\frac{2Q\gamma}{\varepsilon x'^2}$$

K et Ω'' seront donc déterminées par ces deux dernières relations, et moyennant cela nous pouvons admettre que tant que l'angle α sera peu considérable, la compensation établie par le plongeur conique sera tout à fait satisfaisante. Il est bon de remarquer que nous aurions fort bien pu nous contenter d'une approximation moindre que celle admise dans nos calculs ; en effet, en vertu de l'équation [37], les équations [34] et [36] deviennent :

$$\delta=x'\sin\alpha+\frac{Q\gamma}{2\Omega''\varepsilon x'}\sin^3\alpha\left(1+\frac{3}{4}\sin^2\alpha\right)$$

$$\delta=x'\sin\alpha+\frac{x'}{4}\sin^3\alpha$$

Les termes qui contiennent $\sin^3\alpha$ seront négligeables quand leurs coefficients ne pourront devenir très-grands ; or $\frac{x'}{4}$ sera toujours assez petit ; il suffit donc, pour que l'approximation soit assez grande, que $\frac{Q\gamma}{2\Omega''\varepsilon x'}$ n'ait pas une trop grande valeur, et que l'on choisisse Ω'' assez grand pour qu'il en soit ainsi, sans qu'il soit indispensable de lui donner la valeur fournie par l'équation [38].

8.

39. La disposition que nous avons admise dans la figure 9 suppose que le sommet du cône affleure le mercure lorsque l'angle α est nul, et, par suite, la compensation qu'il donne ne se rapporte qu'aux inclinaisons du fléau, qui sont telles que le point I, fig. 9, soit toujours au-dessous de l'horizontale FI ; en d'autres termes, avec un tel compensateur, le point le plus élevé de la course de la soupape régulatrice H H' correspondra forcément avec la position horizontale du fléau.

Si l'on voulait que la compensation eût lieu, quel que fût le sens de l'inclinaison du fléau par rapport à l'horizontale, il est facile de voir que le plongeur devrait se composer de deux cônes opposés par le sommet et du même angle que celui que nous avons déterminé tout à l'heure; le sommet commun de ces deux cônes devrait affleurer le mercure quand le fléau est horizontal. Cette disposition est indiquée dans la figure 12 ; elle serait impossible à réaliser en pratique, attendu que la liaison des deux cônes opposés devrait être un point mathématique. Mais on peut atteindre au même but par la disposition de la figure 13. Dans cette figure J est toujours le plongeur conique suspendu au point I du fléau, et installé comme dans la figure 9. J' est un second plongeur conique entièrement pareil au premier et suspendu en un point I' du fléau, symétrique du point I par rapport au centre de rotation F. On comprend sans peine qu'alors le cône I' commencerait à agir quand cesserait l'action du cône I, et réciproquement, et qu'ainsi la compensation aurait lieu, quel que fût le sens de l'inclinaison du fléau.

40. De tout ce qui précède, il résulte qu'en disposant le thermo-régulateur de telle manière que l'équation [25] soit satisfaite, et en introduisant un ou deux compensateurs coniques, il sera toujours possible de satisfaire à l'équation [21], auquel cas l'équation [17] se réduit à :

$$[39] \qquad t = \frac{1}{VPb}\left[\pm N\,\frac{\omega+\omega''}{\Omega\omega\varepsilon\,x\cos\alpha}\left(V+v\,\frac{P\omega\omega''}{\omega+\omega''}\right)\right]$$

que l'on peut mettre sous la forme :

$$[40] \qquad t = \pm \frac{N}{Pb\varepsilon\Omega x \cos\alpha}\left(1 + \frac{\omega''}{\omega}\right)\left(1 + \frac{v + \dfrac{P\omega\omega''}{\omega+\omega''}}{V}\right)$$

L'équation [40] est de nature à nous montrer clairement l'influence que peuvent avoir sur la marche du thermo-régulateur les proportions qui seront données à ses diverses parties. Les conditions à remplir pour réduire, le plus possible, les écarts de la température sont les suivantes.

1° N devra être un minimum, c'est-à-dire que l'on devra diminuer, autant qu'on le pourra, les frottements des diverses articulations; on obtiendra ce résultat en réduisant au strict nécessaire le poids des pièces mobiles, et en les faisant pivoter les unes sur les autres, au moyen de couteaux établis avec les mêmes soins que dans les bonnes balances.

2° Ω, c'est-à-dire la section intérieure de la cuvette mobile, devra être un maximum; mais nous devons observer que cette condition n'a rien d'absolu, attendu que, en faisant croître Ω, on accroît également le poids de la cuvette mobile et du mercure qu'elle contient, ce qui conduit à augmenter aussi le poids du fléau de la balance. Or cet accroissement de poids augmente la valeur de N, ce qui est nuisible. On voit donc qu'au delà de certaines limites il deviendrait peu avantageux d'agrandir la section Ω, et en envisageant la question au point de vue pratique, on peut ajouter qu'il y a d'autant moins lieu d'exagérer la valeur de Ω qu'en accroissant les masses mobiles du système ses mou-

---

[1] Il est facile de voir que si nous avions admis le mode de suspension de la cuvette indiqué dans la figure 8, l'équation à laquelle nous serions arrivé ne différerait de la précédente qu'en ce que $\dfrac{N}{x\cos\alpha}$ devrait y être remplacé par $\dfrac{N}{x}$. La valeur de t serait donc alors un peu moindre que celle à laquelle nous sommes parvenu, mais la différence serait très-faible à cause de la petitesse de α. Ce n'est que dans le cas où l'on voudrait donner à α de grandes amplitudes que la disposition de la figure 8 serait avantageuse, car autrement la difficulté de la réaliser pratiquement avec précision, difficulté que j'ai déjà signalée, rend la disposition de la figure 4 meilleure en réalité.

vements deviennent beaucoup plus lents, par suite de l'importance que prend la force vive, et que, de plus, quand les couteaux sont surchargés, ils s'émoussent facilement, ce qui conduit à un nouvel accroissement de N.

3° x, c'est-à-dire le bras de levier de la cuvette mobile, semble aussi devoir être le plus grand possible, mais des considérations analogues à celles du paragraphe précédent doivent engager à ne pas faire x trop grand, sous peine de renforcer N et de rendre trop lents les mouvements de l'appareil.

4° $\dfrac{\omega''}{\omega}$ devra être un minimum. Il ne faudra pas oublier cependant que l'espace annulaire ω'' ne doit pas être réduit par trop, sans quoi les frottements du mercure entre les parois de la cloche et de la cuvette mobile deviendraient considérables; il est d'ailleurs indispensable que la colonne annulaire du mercure conserve une certaine épaisseur, afin que la cuvette mobile ne s'approche pas assez des parois de la cloche pour arriver presque à leur contact, ce qui pourrait avoir pour effet de donner naissance à des frottements de grande importance.

5° $\dfrac{v + \dfrac{P\omega\omega''}{\omega+\omega''}}{V}$ devra être fait petit, ce qui sera toujours facile à réaliser. Il est bon de remarquer, toutefois, qu'au delà de certaines limites il devient peu important que le volume V du réservoir ait une très-grande-valeur; c'est ce dont on sera convaincu si l'on observe que, lorsque V est simplement égal à $v + \dfrac{P\omega\omega''}{\omega+\omega''}$, la variation t de la température est seulement double de ce qu'elle serait si V était infini par rapport à $v + \dfrac{P\omega\omega''}{\omega+\omega''}$.

Avant de passer outre, remarquons encore que t est indépendant de la valeur absolue de la température T du gaz enfermé dans le réservoir, et qu'ainsi la sensibilité du thermo-régulateur sera la même pour toutes les valeurs possibles de cette température.

41. L'équation [40] nous fait voir que la variation t croît avec l'angle α, mais que, si cet angle reste compris entre d'assez

étroites limites, comme nous l'avons toujours admis, les changements qu'apportera son plus ou moins d'amplitude dans la
valeur de t seront de peu d'importance et pourront être négligés.
Il n'en serait plus de même si nous n'avions pas introduit dans le
thermo-régulateur les divers moyens de compensation dont nous
avons signalé l'utilité. Il suffit, pour s'en convaincre, de se reporter
à l'équation [17] art. 34, qui donne la loi de l'équilibre de l'appareil, dans le cas le plus général. La valeur de t, donnée par
cette équation, est égale à celle donnée par l'équation [40] augmentée d'un second terme facteur de sin α, et qui croît dès lors
très-rapidement avec l'amplitude de l'angle α. Or ce second terme
peut prendre une valeur très-grande et tout à fait prépondérante,
lorsque l'on n'a pas eu égard aux moyens de compensation indiqués, ou même lorsqu'ils n'ont été appliqués que d'une manière
incomplète. Il sera donc toujours prudent, dans la pratique, de
restreindre α dans les plus étroites limites, et de prendre pour
cela les précautions suivantes.

On réglera l'appareil de telle sorte que le fléau soit horizontal
au moment où la soupape K, fig. 4, a été fermée, et qu'à la position horizontale du fléau corresponde la position milieu de
la soupape régulatrice, c'est-à-dire celle qui est également éloi-
gnée de la fermeture et de l'ouverture complètes de l'orifice que
doit régler cette soupape; par ce moyen, il est clair que, pour
une même course totale de la soupape, l'angle que peut faire le
fléau avec l'horizontale, dans ses positions extrêmes, aura sa valeur absolue minima. Il sera avantageux, dans le même but, de
limiter la course du fléau, de telle sorte qu'il ne puisse prendre
une inclinaison plus forte que celle qui correspond à l'ouverture
complète de l'orifice par lequel l'air peut entrer dans la boîte communiquant avec le cendrier. On obtiendra ce résultat en donnant
à cet orifice un diamètre assez grand pour qu'un soulèvement
restreint de la soupape permette le passage de la quantité d'air
nécessaire pour alimenter la combustion, quantité qui est une
des données indispensables du problème de l'établissement du

thermo-régulateur; il faudra, de plus, placer sur une des pièces
fixes de celui-ci un buttoir qui empêche le fléau de prendre une
inclinaison plus forte que celle qui est strictement nécessaire.

Il sera toujours très-facile de prendre les diverses précautions
que je viens d'indiquer. Il sera donc convenable de le faire,
même dans le cas d'un thermo-régulateur bien compensé, où,
ainsi que je l'ai déjà dit, elles sont d'une assez faible importance.

On doit remarquer toutefois que, dans l'hypothèse de la
figure 9, où nous n'avons admis l'emploi que d'un seul compensateur conique, il devient indispensable que la position horizontale du fléau corresponde à l'extrémité supérieure de sa course,
et, dès lors, dans ce cas plus que dans tout autre, on devra
apporter un soin tout particulier à la réalisation des moyens de
compensation que nous avons indiqués.

42. Dans tout ce qui précède, nous nous sommes borné à
étudier les lois de l'équilibre du thermo-régulateur. Les lois de
son mouvement sont évidemment très-compliquées; leur recherche
aurait quelque analogie avec celle des lois du mouvement d'un
pendule, en tenant compte du frottement de son point de suspension et de la résistance du mercure, dans lequel on supposerait la masse oscillante immergée. On sait les difficultés que présente à l'analyse la résolution d'un tel problème, et il ne pouvait
entrer dans le but de ce mémoire de s'attaquer aux difficultés
plus grandes encore du cas plus complexe du thermo-régulateur.
Cette recherche n'aurait, d'ailleurs, qu'un intérêt secondaire au
point de vue pratique; nous nous bornerons donc à indiquer d'une
manière générale quelle sera la nature des mouvements que prendra notre appareil.

Imaginons que, le fléau de la balance étant en équilibre sous
l'inclinaison α_0, la température du réservoir à gaz s'accroisse brusquement de t'. Si t' est compris entre les deux valeurs de t que
donne l'équation [24] article 38, en y remplaçant α par α_0, la
balance restera en repos. Supposons t' plus grand que celle de
ces valeurs qui correspond à N positif, la cuvette mobile com-

mencera à descendre et l'angle α augmentera. Le moment de la force motrice qui tend à produire le mouvement du système n'est autre chose que le premier membre de l'équation [9], art. 34. En substituant dans ce premier membre les valeurs de $p - P$ et de Qy, qui nous sont fournies par les équations [14] article 34, et [21] article 36, on trouve que le moment de la force motrice a pour expression

$$x \cos \alpha \times \frac{\Omega \omega \varepsilon VPbt}{\left(\omega + \omega''\right)\left(V + v + P \frac{\omega \omega''}{\omega + \omega''}\right)}$$

Le moment du frottement qui résiste au mouvement est N. Le moment moteur effectif sera égal à la différence de ces deux expressions, et si nous remarquons que $x \cos \alpha$ n'est autre chose que le bras de levier de la cuvette mobile, nous trouverons enfin pour la valeur S de la force motrice effective qui agit sur le point d'attache de la cuvette au fléau,

$$[41] \qquad S = \frac{\Omega \omega \varepsilon VPbt}{\left(\omega + \omega''\right)\left(V + v + P \frac{\omega \omega''}{\omega + \omega''}\right)} - \frac{N}{x \cos \alpha}$$

En substituant dans la valeur de S, t' et α_0 à la place de t et α, nous aurons la force motrice effective qui tend à produire la descente de la cuvette, dans l'hypothèse où nous nous sommes placé dans le présent article.

Dans le cas où t' et α_0 satisferaient à l'équation [40], article 40, en y faisant N positif, S est nul, ainsi qu'il était facile de le prévoir. Tant que t' sera inférieur à la valeur de t, qui satisfait à l'équation en même temps que α_0, l'appareil restera en repos; mais si t lui est supérieur, il y aura mouvement. Plus t' dépassera cette valeur, plus S aura une valeur considérable.

Dès qu'une variation suffisante de la température se sera produite, le mouvement de descente de la cuvette commencera; mais dès qu'il y aura mouvement, une nouvelle résistance passive entrera en jeu. Cette résistance est due à l'immersion de la cloche

dans le mercure que contient la cuvette mobile, et à celle de cette
cuvette mobile dans la cuvette inférieure du baromètre. Par suite
de ces immersions, la cuvette mobile ne peut se mouvoir sans
que le mercure qu'elle contient ne frotte contre les parois de la
cloche, et sans que ses molécules n'entrent elles-mêmes en mouvement, les unes par rapport aux autres, pour combler le vide
qui tend à se faire par suite de l'immersion de la cloche. De même
le mercure de la cuvette inférieure du baromètre étant forcé de
s'élever dans les deux branches de celui-ci, pour faire place à la
cuvette mobile, il se produit deux courants liquides allant du
fond de cette cuvette mobile, le premier dans l'espace annulaire Ω'',
l'autre dans la chambre supérieure du baromètre. Ces courants
donnent naissance à un nouveau frottement du mercure contre les
parois avec lesquelles il est en contact. On sait, d'après les travaux de M. de Prony, la valeur du frottement qu'un liquide en
mouvement développe contre les parois d'un tuyau dans lequel il
circule, et il n'est pas difficile de voir que la résistance que les
divers frottements de cette nature exerceront pour s'opposer au
mouvement de la cuvette mobile aura pour valeur une expression
de la forme $A u^2 + B u$, u étant la vitesse de la cuvette mobile à
un instant quelconque, A et B, deux constantes qui dépendent de
la disposition de l'appareil et de la nature du liquide qu'il contient. J'ai dû conserver dans cette expression le terme qui contient la première puissance de la vitesse, parce que ce terme peut
avoir une influence relative prépondérante quand la vitesse est
très-petite, ce qui a précisément lieu ici.

D'après tout ce qui précède, la résultante des forces accéléra-
trices et retardatrices qui agissent dans le sens vertical sur la cuvette aura pour valeur :

$$\frac{\Omega\omega\varepsilon VP b t'}{(\omega+\omega'')\left(V+v+P\,\dfrac{\omega\omega''}{\omega+\omega''}\right)} - \frac{N}{x\cos\alpha}\left(Au^2+Bu\right)$$

ou simplement $S-(A u^2 + B u)$.

43. La force motrice $S - (A u^2 + B u)$ étant positive à l'origine du mouvement, la vitesse ira en s'accélérant, et $A u^2 + B u$ augmentera; en même temps l'angle α croîtra, ce qui fera décroître S, mais assez lentement. Il arrivera un moment où, par suite de cette double cause de l'amoindrissement de la force motrice, elle deviendra tout à fait nulle; à partir de ce moment, la vitesse cescera d'augmenter, ainsi que la résistance $A u^2 + B u$. Si la force S était constante, le mouvement deviendrait uniforme, et continuerait jusqu'au moment où il serait arrêté brusquement, par suite du choc des soupapes qui règlent le feu contre leurs siéges. C'est précisément ce qui aurait lieu si nous avions adopté pour la cuvette mobile le mode de suspension indiqué dans la figure 8; car alors le terme $\dfrac{N}{x \cos \alpha}$ de la force motrice serait remplacé par le terme constant $\dfrac{N}{x}$. Bien qu'il n'en soit pas tout à fait ainsi pour la disposition indiquée fig. 4, disposition sur laquelle portent nos calculs, on voit facilement que les choses s'y passeront sensiblement de même, tant que l'amplitude de l'angle α se maintiendra dans d'étroites limites autour de zéro, ainsi que nous l'avons toujours supposé; car alors le terme $\dfrac{N}{x \cos \alpha}$ variera très-peu. En envisageant les choses rigoureusement, on peut dire qu'à partir du moment où la force motrice est nulle, la vitesse décroîtra très-lentement, jusqu'au moment où elle sera égale à zéro, et qu'il pourra arriver, si t' est infiniment peu supérieur à la valeur de t qui satisfait à l'équation [40], en y faisant N positif, qu'au moment où la vitesse deviendra nulle, les soupapes n'aient pas encore atteint leurs siéges, et qu'elles restent alors immobiles dans cette position intermédiaire entre l'ouverture et la fermeture complètes. Il pourrait aussi arriver que, la vitesse étant devenue nulle, la force motrice eût pris une valeur assez grande de signe contraire à celle qui a produit le mouvement de descente, et que dès lors la cuvette commençât à remonter. On pourrait alors concevoir que le mouvement consistât en une série d'oscillations analogues à celles du pendule, mais il est évident que ces oscil-

lations auraient une bien faible amplitude et seraient très-rapi-dement éteintes par les résistances passives qui ont ici beaucoup d'énergie.

Toutefois, je le répète, il serait sans utilité d'envisager les choses avec une telle rigueur, et l'on peut admettre, sans craindre de s'éloigner beaucoup de la vérité, que le mouvement, dans le cas de l'appareil de la figure 4, sera sensiblement de la même nature que dans celui de la figure 8.

D'après cela, on voit que, sous l'influence d'un accroissement suffisant et instantané de la température, la cuvette descendra d'abord d'un mouvement accéléré jusqu'à un certain point, où le mouvement deviendra uniforme, pour continuer ainsi tant qu'elle n'aura pas atteint le point extrême de sa course. Il pourrait néan-moins arriver que le point extrême fût atteint avant que le mou-vement fût devenu uniforme.

On voit facilement aussi que le mouvement se fera avec d'autant plus de lenteur, pour un même accroissement de température, que la somme des moments d'inertie de toutes les masses mobiles du système, y compris le mercure, sera plus considérable. Il ré-sulte de là que si l'appareil que l'on veut régler était soumis à des variations brusques de température, il deviendrait important pour la sensibilité du thermo-régulateur que la somme des moments d'inertie des différentes masses mobiles dont il se compose fût réduite à son minimum.

Ainsi que je l'ai dit au commencement de ce mémoire, les va-riations de la température dans presque toutes les applications industrielles, ne se font qu'avec lenteur, et, dès lors, il devient moins important de réduire au delà de certaines limites le moment d'inertie dont nous venons de parler. Il est clair, cependant, qu'il sera bon, même dans ces applications, de ne pas lui donner une trop grande valeur, et, dans ce but, il sera toujours utile de ne pas donner une section trop faible au tube qui établit la commu-nication entre la chambre du baromètre et sa cuvette inférieure

Je n'insisterai pas davantage sur ce qui est relatif au mouvement du thermo-régulateur. Les lois de ce mouvement, déjà si complexes dans l'hypothèse que j'ai faite d'une variation instantanée de la température, le sont encore beaucoup plus en réalité, puisque dans les cas pratiques la température varie d'une manière continue, et d'après une fonction du temps, fonction qui dépend elle-même de la nature des appareils que l'on veut régler.

Il serait donc à peu près impossible de les traduire en équations, et quand bien même on y parviendrait dans quelques cas particuliers, cela serait de peu d'utilité pour la question qui nous occupe.

Je donnerai, dans un prochain mémoire, la description et le calcul d'un thermo-régulateur fondé sur les principes théoriques que je viens de développer; ce calcul permettra d'apprécier plus nettement le degré d'importance de chacune des conditions que la théorie nous a indiquées comme propres à augmenter la sensibilité du thermo-régulateur à cuvette mobile.

NOTE PREMIÈRE

SE RAPPORTANT À L'ARTICLE 36.

———

Soit, dans la figure 14, B la cloche du thermo-régulateur, $llcc$ la cuvette mobile; supposons que l'on ait fermé la communication entre le réservoir du gaz et l'air extérieur au moment où la pression de celui-ci était P. Alors les niveaux mm et ll du mercure dans l'intérieur de la cloche et dans l'espace annulaire qui la sépare de la cuvette seront dans le même plan horizontal. Imaginons que, les choses étant en cet état, nous fassions descendre la cuvette d'une certaine hauteur h, de telle sorte que son fond cc prenne la position $c'c'$. Le mercure de la cuvette descendant avec elle augmentera le volume qui, dans la cloche, est occupé par le gaz, et par suite la pression de celui-ci sera diminuée. Nommons p la valeur que prendra cette pression, et soient $m'm'$, $l'l'$ les niveaux que prend le mercure dans la cloche et dans l'espace annulaire; nommons y la différence de hauteur des niveaux mm et $m'm'$ et z celle des niveaux ll et $l'l'$.

Par suite de la loi de continuité des fluides et des définitions ci-dessus, nous aurons,

[1] $$\omega'' z + \omega y = h\,\Omega$$

[2] $$z - y = \mathrm{P} - p$$

d'où l'on tire,

[3] $$z = \frac{\Omega h + \omega\,(\mathrm{P} - p)}{\omega + \omega''}$$

[4] $$y = \frac{\Omega h - \omega''\,(\mathrm{P} - p)}{\omega + \omega''}$$

Si nous avions laissé le gaz de la cloche en communication avec l'air extérieur pendant le mouvement de descente de la cuvette, le gaz aurait conservé la pression P; la hauteur dont le mercure serait descendu dans l'espace annulaire et dans la cloche, hauteur que nous nommerons z', nous est donc donnée par l'équation

$$[5] \qquad z' = \frac{\Omega h}{\omega + \omega''}$$

$z - z'$ est la hauteur dont le mercure s'est abaissé en plus dans ω'' par suite de la dilatation de l'air dans le réservoir.

$\Omega \varepsilon (z - z')$ est la perte de poids qui résulte pour la cuvette mobile de la même cause.

Nous aurons donc pour cette perte de poids :

$$[6] \qquad \Omega \varepsilon (z - z') = \frac{\Omega \omega \varepsilon}{\omega + \omega''}(P - p)$$

Nous avons aussi, en vertu de la loi de Mariotte,

$$[7] \qquad P W = p \,(W + \omega y)$$

ou, en remplaçant y par sa valeur trouvée ci-dessus,

$$[8] \qquad PW = p \left(W + \frac{\Omega \omega h - \omega \omega'' (P - p)}{\omega + \omega'} \right)$$

d'où l'on tire sans difficulté :

$$[9] \qquad P - p = \frac{p \Omega \omega h}{(\omega + \omega'') \left(W + \frac{p \omega \omega''}{\omega + \omega''} \right)}$$

Portant cette valeur de $P - p$ dans l'équation [6], il nous vient enfin :

$$[10] \qquad \Omega \varepsilon (z - z') = p \Omega^2 \varepsilon h \times \frac{\omega^2}{(\omega + \omega'')^2 \left(W + \frac{p \omega \omega''}{\omega + \omega''} \right)}$$

Observons maintenant que la hauteur h dont a descendu la cuvette mobile peut s'exprimer, ainsi que nous l'avons fait article 36, par $x \sin \alpha$, α étant l'angle décrit par le fléau de la balance pendant que la cuvette descend de h. Observons aussi que le bras de levier de la force $\Omega \varepsilon (z - z')$ est $x \cos \alpha$, et nous trouverons pour le moment de la perte de poids subie par la cuvette par suite de la dilatation du gaz du réservoir :

$$[11] \qquad \Omega \varepsilon (z - z') \, x \cos \alpha = x \cos \alpha \times \frac{p \varepsilon x \sin \alpha}{W + \frac{p \omega \omega''}{\omega + \omega''}} \left(\frac{\Omega \omega}{\omega + \omega''} \right)^2$$

Si nous nous rappelons que $W = V + v$, nous verrons que le deuxième membre de [11] n'est autre chose que le troisième terme du deuxième membre de l'équation [22] de l'article 36, avec cette différence que P y a été remplacé par *p*. Remarquons d'ailleurs que cette équation [22] est le résultat d'une première approximation que nous avons admise dans l'article 34 pour faciliter les calculs. Nous avons en effet, en passant de l'équation [12] à l'équation [13], article 34, remplacé le dénominateur *p* du premier membre par le dénominateur P. Si nous n'avions pas fait cette substitution, le troisième terme du deuxième membre de [22] eût été identique avec le second membre de l'équation [11] de la présente note. Il est donc démontré que ce terme est bien le moment dû à la succion que détermine dans le réservoir à gaz la descente de la cuvette mobile.

NOTE DEUXIÈME

SE RAPPORTANT À L'ARTICLE 38.

Soit (fig. 15) LL la cuvette remplie de mercure jusqu'au niveau *ll* dans lequel plonge le cône JJ engendré par la révolution de la courbe JJ autour d'un axe vertical; cherchons à déterminer cette courbe de telle sorte que, quand le fléau de la balance, à laquelle le cône est suspendu comme il est indiqué dans la figure 9, s'inclinera sous un angle d'une amplitude quelconque, le poids perdu, par suite de l'immersion du cône dans le mercure, soit constamment égal à la force R de l'article 38, c'est-à-dire à la fonction de α

$$\frac{Q\gamma}{x'}\left(\frac{1}{\cos\alpha}-1\right)\sin\alpha.$$

Conservons d'ailleurs à Ω'', φ et δ les mêmes valeurs que dans l'article 38.

Supposons que le plongeur descende d'une quantité infiniment petite correspondant à l'accroissement élémentaire $d\alpha$ de l'angle du fléau; le chemin parcouru par le plongeur sera $dx'\sin\alpha = x'\cos\alpha\,d\alpha$.

La nouvelle position du plongeur, dans la figure 15, est indiquée par la ligne ponctuée J'J'J'. La descente du cône déplace une certaine quantité de mercure, et le niveau de ce liquide dans la cuvette s'élève par suite jusqu'à la ligne *l'l'*. Le volume du mercure compris entre les lignes *ll* et *l'l'* doit être égal au volume déplacé par suite du mouvement du plongeur; le premier de ces volumes a pour expression $(\Omega'' - \pi\varphi^2)(d\delta - x'\cos\alpha\,d\alpha)$, et le deuxième $\pi\varphi^2 x'\cos\alpha\,d\alpha$.

Nous devrons donc avoir :

$$[1] \qquad (\Omega'' - \pi\varphi^2)\,(d\delta - x'\cos\alpha\,d\alpha) = \pi\varphi^2 x'\cos\alpha\,d\alpha$$

équation d'où l'on tire,

$$[2] \qquad d\delta = \frac{\Omega'' x'\cos\alpha\,d\alpha}{\Omega'' - \pi\varphi^2}$$

La perte de poids que subit le plongeur par suite de son déplacement sera $\varepsilon\pi\varphi^2 d\delta$. Cette perte de poids doit être égale à la différentielle de la force R ou de $\dfrac{Q\gamma}{x'}\left(\dfrac{1}{\cos\alpha} - 1\right)\sin\alpha$; nous aurons donc la nouvelle équation :

$$[3] \qquad \varepsilon\pi\varphi^2 d\delta = \frac{Q\gamma}{x'}\left(1 - \cos\alpha + \frac{\sin^2\alpha}{\cos^2\alpha}\right)d\alpha = \frac{Q\gamma}{x'}\left(\frac{1 - \cos^3\alpha}{\cos^2\alpha}\right)d\alpha.$$

Substituons dans cette équation la valeur de $d\delta$ donnée par [2], et nous aurons,

$$[4] \qquad \varepsilon\pi\varphi^2 \frac{\Omega'' x'\cos\alpha}{\Omega'' - \pi\varphi^2} = \frac{Q\gamma}{x'}\left(\frac{1 - \cos^3\alpha}{\cos^2\alpha}\right)$$

ou bien

$$[5] \qquad \frac{\Omega''\pi\varphi^2}{\Omega'' - \pi\varphi^2} = \frac{Q\gamma}{\varepsilon x'^2}\left(\frac{1}{\cos^3\alpha} - 1\right)$$

d'où l'on tire,

$$[6] \qquad \pi\varphi^2 = \frac{\dfrac{Q\gamma}{\varepsilon x'^2}\left(\dfrac{1}{\cos^3\alpha} - 1\right)}{1 + \dfrac{Q\gamma}{\varepsilon x'^2 \Omega''}\left(\dfrac{1}{\cos^3\alpha} - 1\right)}$$

Substituons cette valeur de $\pi\varphi^2$ dans l'équation [2], et il viendra, toutes réductions faites,

$$[7] \qquad d\delta = x'\cos\alpha\left[1 + \frac{Q\gamma}{\varepsilon x'^2 \Omega''}\left(\frac{1}{\cos^3\alpha} - 1\right)\right]d\alpha$$

ou, en intégrant les deux membres,

$$[8] \qquad \delta = x'\int_0^\alpha\left[\left(1 - \frac{Q\gamma}{\varepsilon x'^2 \Omega''}\right)\cos\alpha + \frac{Q\gamma}{\varepsilon x'^2 \Omega''}\times\frac{1}{\cos^2\alpha}\right]d\alpha$$

ou enfin, en effectuant les calculs,

$$[9] \qquad \delta = x'\left[\left(1 - \frac{Q\gamma}{\varepsilon x'^2 \Omega''}\right)\sin\alpha + \frac{Q\gamma}{\varepsilon x'^2 \Omega''}\tang\alpha\right]$$

En éliminant α entre les équations [6] et [9] on obtiendra une relation entre φ et δ qui sera l'équation de la courbe cherchée, rapportée à deux axes coordonnés rectangulaires se coupant au sommet du cône, et dont l'un, celui des δ, est l'axe même du cône.

Mais cette élimination conduirait à une équation d'un degré élevé, et il serait préférable de construire la courbe cherchée par points, en donnant à α diverses valeurs et concluant de [6] et [9] les valeurs correspondantes de φ et de δ.

En supposant l'angle α très-petit, on trouverait sans peine que la courbe se confond très-sensiblement avec la ligne droite dont l'équation est

$$\varphi = \delta \sqrt{\frac{3Q\,y}{2\,\pi\varepsilon x^n}}$$

c'est ce que l'on pouvait prévoir, d'après ce que j'ai dit à l'article 38.

La méthode que j'ai suivie dans cette note serait évidemment applicable à la recherche d'un plongeur destiné à équilibrer une force variable quelconque.

Paris, le 29 juin 1861.

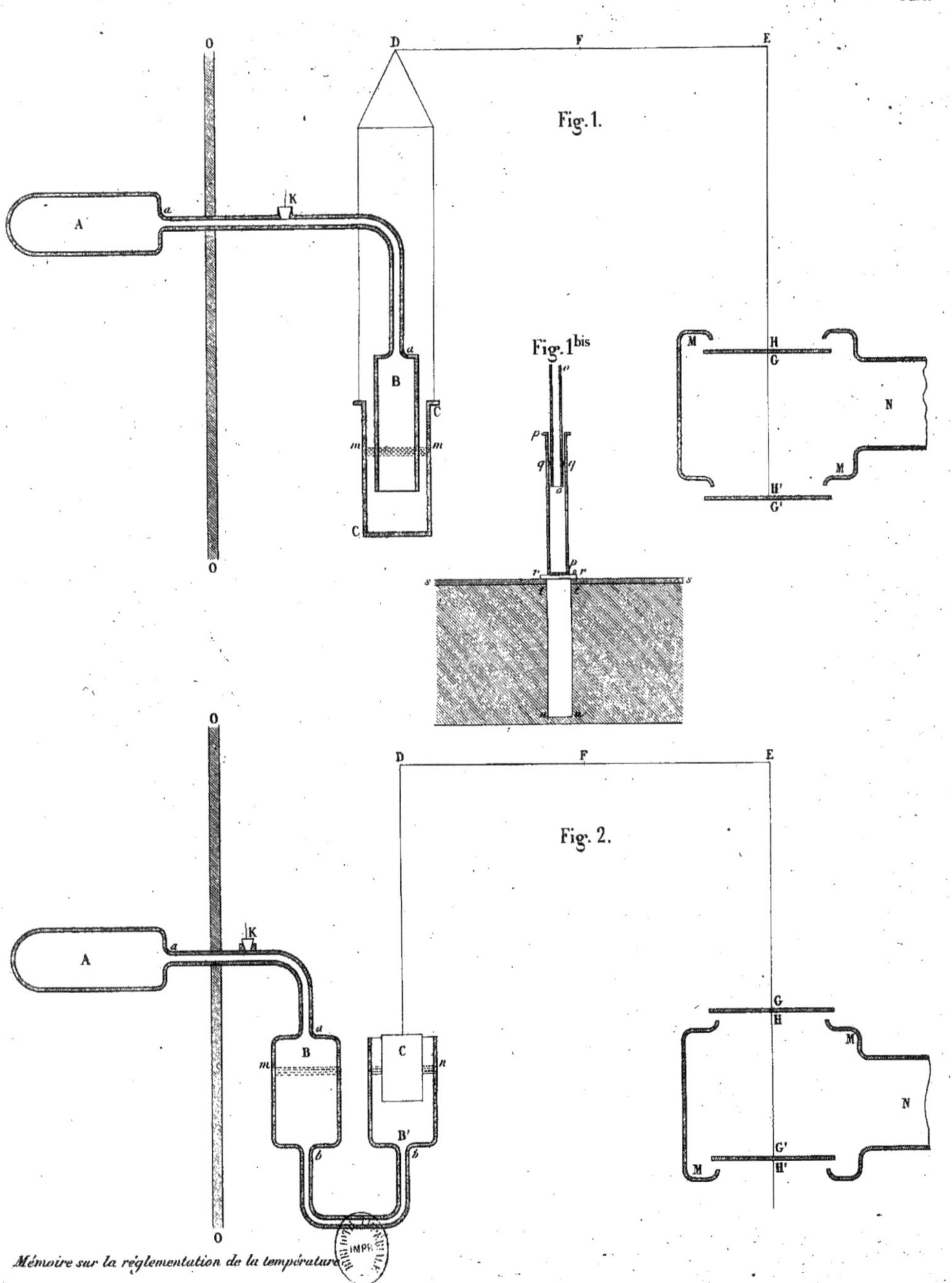

Mémoire sur la réglementation de la température

Fig. 3.

Fig. 4.

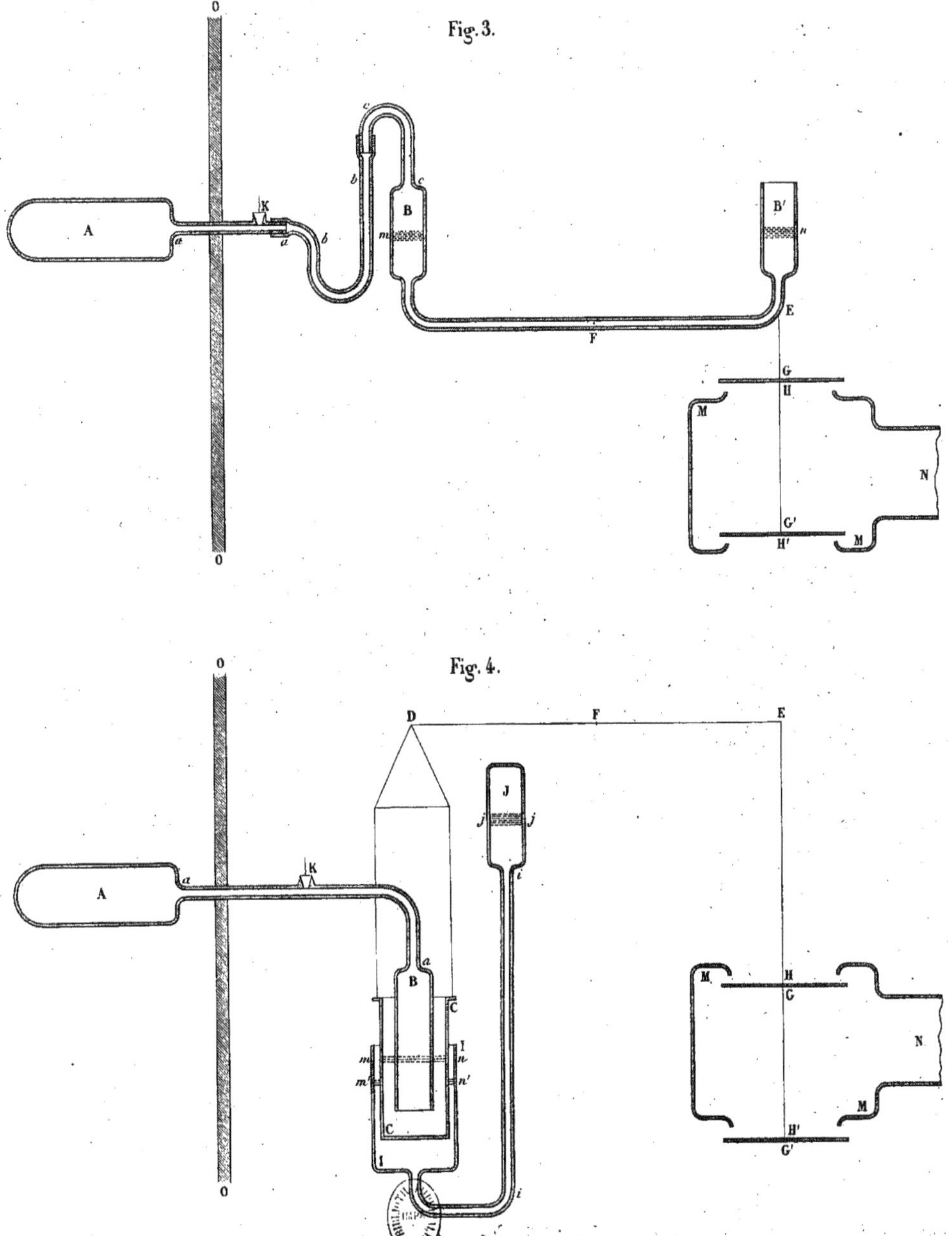

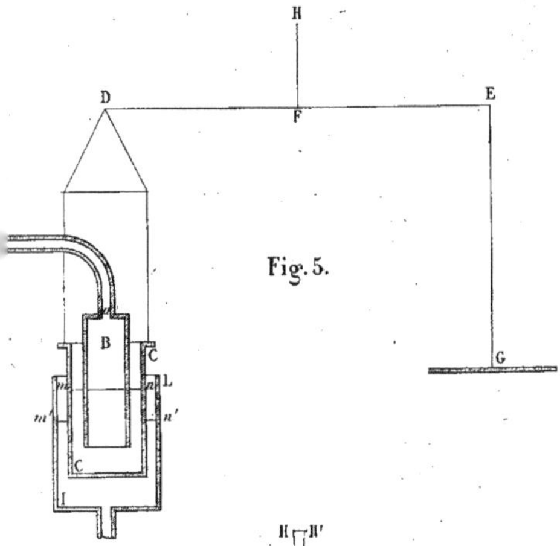

Fig. 5.

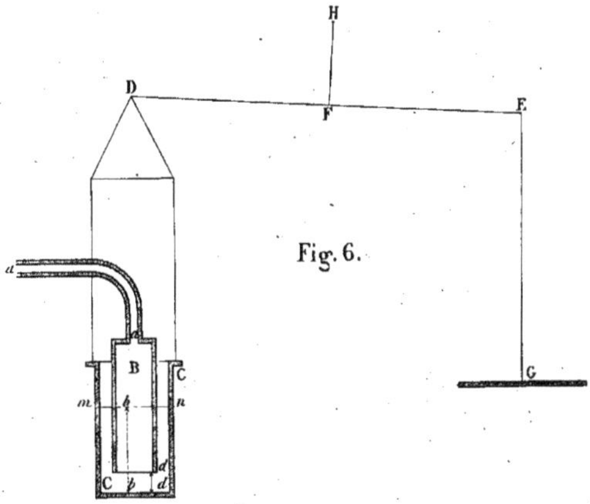

Fig. 6.

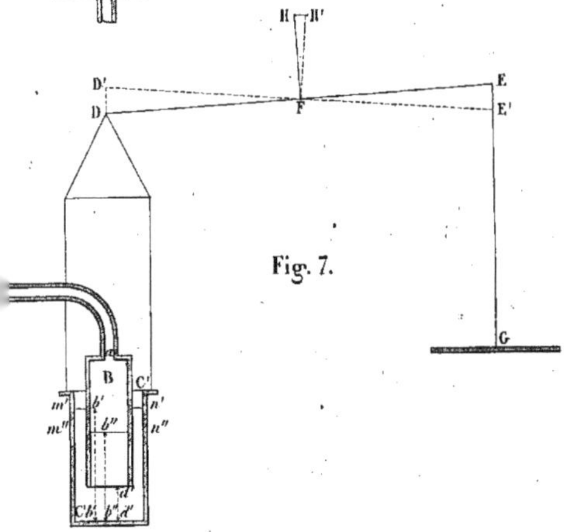

Fig. 7.

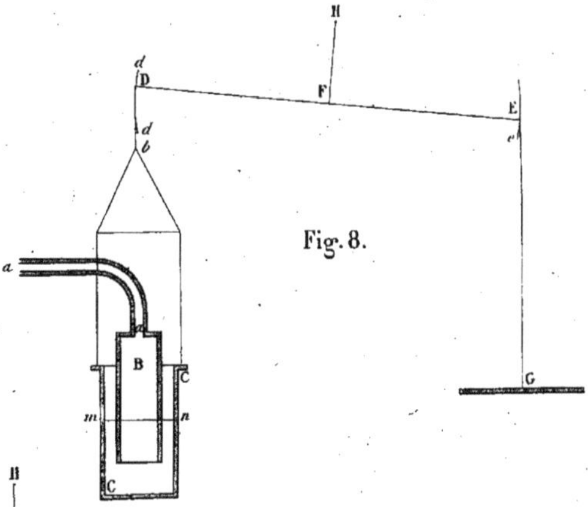

Fig. 8.

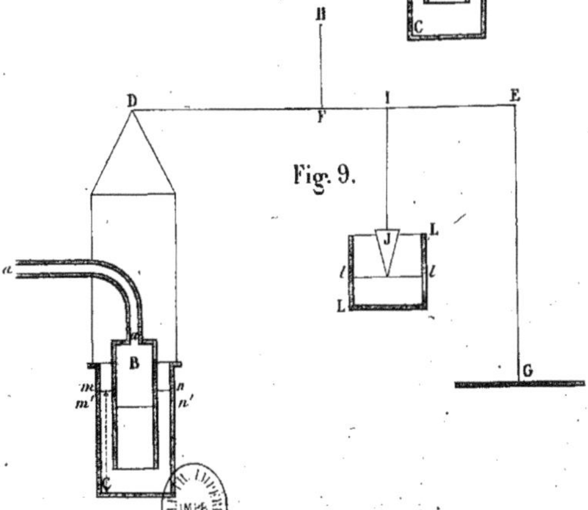

Fig. 9.

Fig. 10.

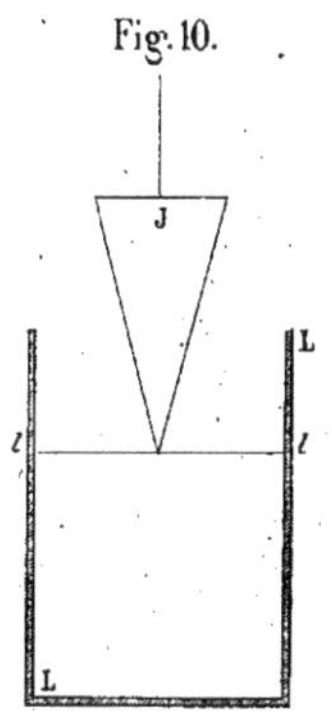

Fig. 11.

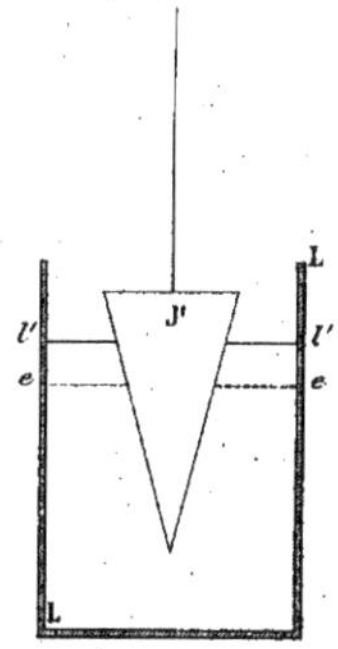

Fig. 12.

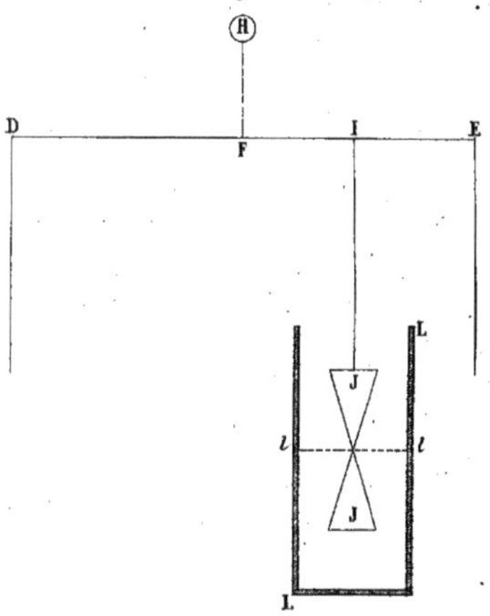

Fig. 13.

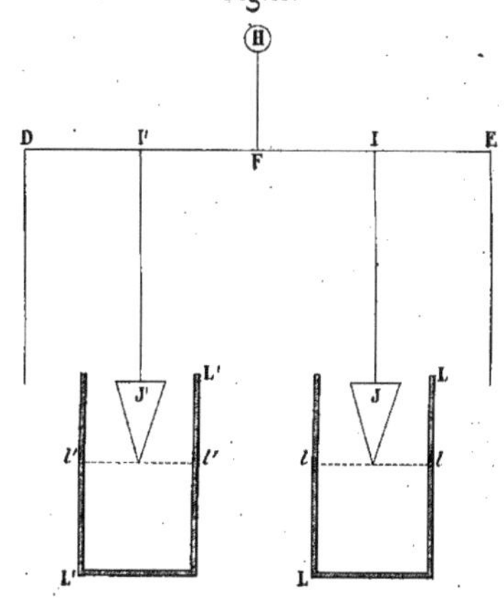

Fig. 14.

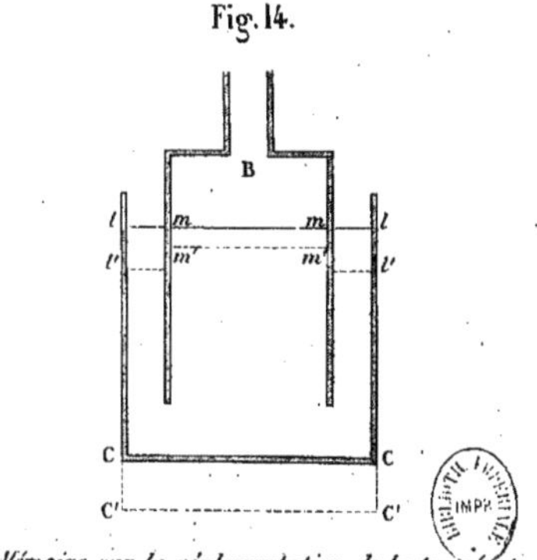

Fig. 15.

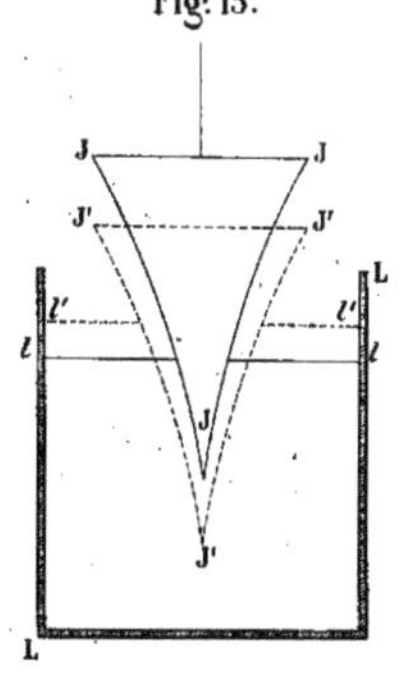

Mémoire sur la réglementation de la température.

www.ingramcontent.com/pod-product-compliance
Ingram Content Group UK Ltd.
Pitfield, Milton Keynes, MK11 3LW, UK
UKHW020326130726
13696UKWH00003B/1175